懂交际
善博弈
的
高品位女人

木梓 著

北方妇女儿童出版社
·长春·

图书在版编目（CIP）数据

懂交际善博弈的高品位女人 / 木梓著. -- 长春：
北方妇女儿童出版社，2025. 1. -- ISBN 978-7-5585
-9100-6

Ⅰ. B825.5-49

中国国家版本馆CIP数据核字第2024JK2425号

懂交际善博弈的高品位女人

DONG JIAOJI SHAN BOYI DE GAO PINWEI NUREN

出 版 人	师晓晖
责任编辑	于晓娜
装帧设计	天下书装
开　　本	710mm×1000mm　1/16
印　　张	12
字　　数	250千字
版　　次	2025年1月第1版
印　　次	2025年1月第1次印刷
印　　刷	三河市南阳印刷有限公司
出　　版	北方妇女儿童出版社
发　　行	北方妇女儿童出版社
地　　址	长春市福祉大路5788号
电　　话	总编办：0431-81629600

定　　价　49.80元

前言

　　亲爱的女性朋友，你是否曾渴望拥有强大的内心、出众的品位和掌控全局的智慧？你是否也曾经幻想成为人群中最耀眼夺目的那个女人，举手投足间流露出自信与优雅？相信每个女人心中都住着一个"女王"，渴望在人生的舞台上绽放光芒。

　　在这本书中，将为你呈现一条通往高阶女人的自我成长之路，结合当下最热门的女性成长话题，从人生、社交、博弈等方面全方位地提升你的品位。

　　在这个充满挑战与机遇的时代，女人角色的多元化和社会地位的提升，对女人自身的能力提出了更高的要求，仅仅依靠外貌或运气已经无法满足现代女人对自身发展的需求。拥有智慧，懂得在复杂的社会关系中游刃有余地博弈；拥有品位，懂得欣赏生活的美好，提升自身的内在修养，才是通往高段位女人的必经之路。

　　无论你是初入社会的职场小白，还是经历过风雨的成熟女人，都可以从本书中汲取智慧和力量，活出更精彩的自己。这是一本写给所有渴望成为有智慧、有品位的女人的成长指南。赶快加入这场蜕变之旅，让我们一起遇见更美好的自己吧！

目录

第 一 章

做个高阶女人，
活得通透，才能活得高级

　　一个有智慧、有品位的女人，无论身处人生的哪个阶段，身上都散发着一种独特的魅力。她们活得很通透，从来不仰仗他人而活，而是将命运牢牢掌握在自己手中。

　　她们拥有独立的思维能力，而不是任由大脑的惯性思维左右自己；她们勇敢地做自己，去感受生活的美好，去沉淀内心的智慧。她们明白：人生的每一段经历，无论顺境还是逆境，都是为了让自己的阅历更丰富、人生更饱满，最终成就一个更好的自己。

　　无论此时的你正处于人生的哪个阶段，拥有怎样的生活，都可以选择成为高阶的女人，活出自己人生中的精彩。

别不信，快乐真的可以由自己创造

很多人一生都在求索，总以为快乐是由外部世界的种种因素所决定的，比如拥有巨额的财富、崇高的地位或者他人的赞美。其实，快乐并非由外在条件决定，它源于我们内心的平静与满足，是完全可以由我们自己创造的。

大部分女人将生活的重心放在家庭、孩子、伴侣身上，却常常忽略了自己。她们习惯性地压抑自己的需求，为了家庭和谐而委曲求全，最终在日复一日的琐碎中迷失了自我。但她们不知道真正的快乐既来自自我圆满，也来自对自身价值的肯定和对内心渴望的满足。

自我圆满是快乐的开始

32岁的李萍薇将大部分时间奉献给了家庭，每天既带孩子又做家务，却唯独忽略了自己的感受。她看到同龄的朋友们可以买自己喜欢的物品，可以去世界各地旅行，可以追求自己的梦想，心中不免有些羡慕。她也曾渴望拥有这样的生活，但生活的压力和琐碎的家务让她感到力不从心，无暇顾及家庭以外的任何事情。渐渐地，她失去了对生活的热情，变得焦虑和迷茫。

一次偶然的机会，在网上看到的一篇文章深深地触动了李萍薇。她开始反思自己的生活，她意识到自己一直以来都在为了满足他人的期望而活着，却从未真正为自己而活。

李萍薇的一部手机用了三年多，手机屏幕已经有了裂痕，她一直想换，但总是舍不得。看到那篇文章后，她做了一个决定。她拿出自己积攒已久的私房钱，为自己换了一部新手机。

拿到新手机的那一刻，李萍薇感受到了一种前所未有的兴奋和喜悦。她突然有了一个想法：她要去旅行！她一直想去看看外面的世界，有了这部新手机，她就可以记录旅途中的美好瞬间。

李萍薇选择了离家不太远的一个古镇，开始了她一个人的旅行。她拿着新手机，拍下了古镇红墙青瓦、芳草如茵的景色，也拍下了自己灿烂的笑容，她感受到了一种前所未有的快乐和满足。这些看似极其平常的小事，却为李萍薇的生活带来了巨大的改变。她开始变得更加自信，更加开朗，也更加热爱生活。

当然，李萍薇的生活并非一帆风顺。她仍然需要面对工作的压力、家庭的琐碎，但她不再感到焦虑和迷茫。她学会了在平凡的生活中寻找快乐，也学会了用积极的心态去面对挑战。

情绪价值往往大于金钱价值

自我圆满既是快乐的开始，又是创造快乐的核心。当我们能够达到自我圆满的境界时，对生活的态度也会发生质的改变。这种自我圆满意味着我们必须清楚地知道自己的需求和欲望，并且有勇气和能力去满足它们。

它可以是一杯暖意浓浓的奶茶，一本让你读得入迷的小说，一部让你捧腹大笑的电影，也可以是一次和朋友的促膝长谈，甚至是晒着太阳、听着歌发呆的片刻宁静。

了解自己，接纳自己

当然，自我圆满并非是要我们达到某种完美的状态，而是要我们了解自己、接纳自己，并努力成为自己想要成为的样子。它意味着你有勇气去追求自己的梦想，有底气去拒绝所有不合理的要求，有能力去掌控自己的人生。

当我们能够用自己的努力去满足自己的愿望时，那种成就感和满足感就是快乐的源泉。因为情绪价值往往大于金钱价值，一件心仪已久的小礼物，一份期盼已久的美食，一次放松的 SPA，都极有可能为我们带来巨大的满足感。

去尝试做能让自己快乐的事情

任何能让自己感到快乐的事情都值得我们去尝试，哪怕这需要花费一定时间和金钱。在很多时候，这些时间和金钱的投入所带来的回报是无价的快乐。如果我们想买什么，就尽量去买吧，只要这件物品、这次消费能够为我们带来幸福和快乐，它就是有价值的。

或许是一件漂亮的衣服，当我们穿上它时，自信便油然而生，这种情绪价值是无法用金钱来衡量的；又或者是一次说走就走的旅行，可能会花费一些积蓄，但旅途中你所看到的风景、所遇到的人、所经历的事，这些由体验所带来的快乐和成长，远比金钱更有价值。

如果你的经济暂时不允许你这么做也不要灰心。先努力工作，提升自己的能力，为未来的快乐积攒资本。毕竟经济独立是女人自信的来源，也是我们追求快乐的底气。"仓廪实而知礼节，衣食足而知荣辱"，当我们拥有了经济上的物质保障时，才能更好地追求精神上的富足。

自我圆满是快乐的开始

- 清楚自己的需求欲望并满足
- 从日常小事中寻找快乐
- 不是追求完美，而是做自己
- 情绪价值大于金钱价值
- 特殊快乐感是智慧
- 生活不如意不是不快乐的理由

知足常乐是智慧的体现

古语说，知足者常乐。当我们能够做到知足时，一种特殊的快乐感便会降临，这是一种凌驾于自卑之上的智慧。我们经常会羡慕那些起点高的人，他们好像一出生就拥有了我们没有的资源和优势。但我们也应该明白，起点低也有它独特的好处，那就是非常容易满足。

当我们从较低的起点出发时，每一个小小的进步都会让我们欣喜若狂。比如，一个出身贫寒的孩子通过自己的努力，第一次用自己挣来的钱给父母买了一份小礼物，看到父母欣慰的笑容，他内心的幸福和快乐是无法用语言来形容的。

快乐是一种选择

对于我们每个人来说，生活中总会有不如意的地方，但这不应该成为我们不快乐的理由。快乐既是一种选择，也是一种生活态度。它不是遥不可及的梦想，而是触手可及的幸福。我们要学会在平凡的日子里，从平凡的事中发现不平凡的快乐。

我们可以从日常的小事做起，比如精心准备一顿丰盛的晚餐，把餐桌布置得温馨漂亮，享受美食带来的满足；再如在闲暇时间整理一下自己的房间，让房间变得整洁有序，感受一种身心的清爽和舒适。这些看似微不足道的小事，都可以成为我们快乐拼图中的一块。

让我们从现在开始，经常去关注自己的内心需求；让我们在自我圆满的道路上，勇敢地追求那些能让我们快乐的小事；让充满知足的幸福感伴随我们一生，书写属于我们自己的快乐篇章。

女性成长小建议

亲爱的你别再等待了，从现在开始，去创造属于你的快乐吧！向高阶女人学习，经常去关注自己的内心需求，勇敢地追求那些能让你快乐的小事。无论你身处何种境地，无论你的经济条件如何，你都有权利去追求快乐，去拥有幸福。

主体思维：接受他人在自己的人生剧本里"杀青"

　　每个人都是自己人生剧本的编剧、导演和主角。在人生的剧本里，我们会遇到形形色色的"演员"，他们扮演着家人、朋友、爱人、同事等各种角色，有些人会一直陪伴我们经历很长一段戏份，有些人却只是戏份中短暂的客串。当这些人从我们的生命中退出时，也就是他们在我们剧本里"杀青"的时候。

　　"杀青"一词源于影视行业，是指一部影片拍摄完成。在人生的剧本里，"杀青"意味着某一段关系的结束，可能是亲人的离世，可能是朋友的远行，可能是爱情的破裂，也可能是同事的离职、合作伙伴的退出。无论是哪一种形式的"杀青"，都会给我们带来不同程度的痛苦和失落。如何面对这些形形色色的"杀青"，是人生对我们的考验。

曾经的热闹，如今的冷清

　　陈晨最近心里空落落的。大学毕业已经三年，曾经热闹的微信宿舍群里如今几乎无人发言。毕业后，大家天各一方。寝室里的老大去了英国读研，偶尔想视频聊天儿也常常因为时差而难以实现。她们的共同话题越来越少，从每天分享的日常琐事变成了一年一次的生日祝福。

　　寝室里的老二则选择回到家乡结婚生子。自从孩子出生后，她的朋友圈里全是宝宝的照片和育儿心得。陈晨看着她朋友圈里发的照片，感觉自己就像个局外人，她们的日常生活轨迹已经彻底不同了。

最让陈晨唏嘘的是曾经形影不离的闺密孙丽。大学毕业后，两人一起留在上海打拼，还一起合租了一套小公寓。然而，随着工作和生活的压力越来越大，两人之间的摩擦也越来越多。孙丽换了一份高薪但高压力的工作，经常加班到深夜。每天回来，她都累得筋疲力尽，倒头就睡，对陈晨的关心也越来越敷衍。有一次因为生活琐事，两人爆发了激烈的争吵。一气之下，孙丽便从公寓搬了出去。至此以后，她们就再也没有联系过。

陈晨翻看着那些曾经的聊天儿记录和照片，那些一起去上课、一起逛街、一起旅行的画面仿佛都还在眼前，如今却物是人非。她默默地退出了那个曾经热闹的微信宿舍群，心里五味杂陈，很是难过。

主体思维：积极应对"杀青"

主体思维提供了一种积极的应对方式。它强调了个体的主动性和能动性，它认为我们是自己命运的主宰者，而不是外部环境的被动接受者。在面对一段关系"杀青"时，主体思维鼓励我们从自身出发，去理解和接纳这种变化，而不是一味地抱怨、逃避或整天沉溺于悲伤之中。

正如四季更迭，花开花落，人生也会经历不断的相遇和离别。我们可能会执着于过去的美好回忆，难以放下曾经亲密无间的关系。我们有可能会责怪自己或对方，认为是因为自己或对方的错误导致了彼此之间关系的破裂。然而，这些负面情绪并不能改变已经发生的事实，反而会让我们更加痛苦。所以，我们不如放下一切，积极应对"杀青"。

关系的结束并非坏事

每个人都有自己的人生轨迹和选择，我们没有必要去强求他人永远留在我们的生命中，也不能因为他们的离开而否定自己的价值。关系的结束并不一定是坏事，它有可能是为了给新的相遇让出空间。所以，一段关系的结束是让我们把注意力从失去的关系转移到自身的发展和成长，去探索新的可能，去结识新的朋友，去创造新的回忆。

接受"杀青"，拥抱成长

人生的不同阶段需要不同的陪伴。在童年时期，父母是我们的依靠；在学生时代，朋友是与我们分享快乐和分担忧愁的伙伴；步入社会后，同事和合作伙伴成为我们共同奋斗的"战友"。每个阶段的关系都有其特定的意义和价值，当一个阶段结束时，相关的关系也会自然淡化或终止。这并非背叛或抛弃，而是人生的正常发展规律。

即使一段关系结束了，曾经的那份美好回忆依然会留在我们的心中，成为我们人生的一部分。我们无须刻意去忘记那些回忆，我们要做的是将这些回忆珍藏在心底，从中汲取成长的力量。那些曾经陪伴我们走过一段旅程的人教会了我们爱与被爱，教会了我们如何与他人相处，也教会了我们如何面对失去。

反思自我，迎接未来

一段关系的结束，或许也能暴露我们自身的一些问题。例如，在亲密关系中，我们是否真正地足够付出和理解？在朋友关系中，我们是否做到足够真诚和包容？在工作关系中，我们是否足够专业和负责？通过反思，我们可以找到自身需要改进的地方，并在日后做得更好。

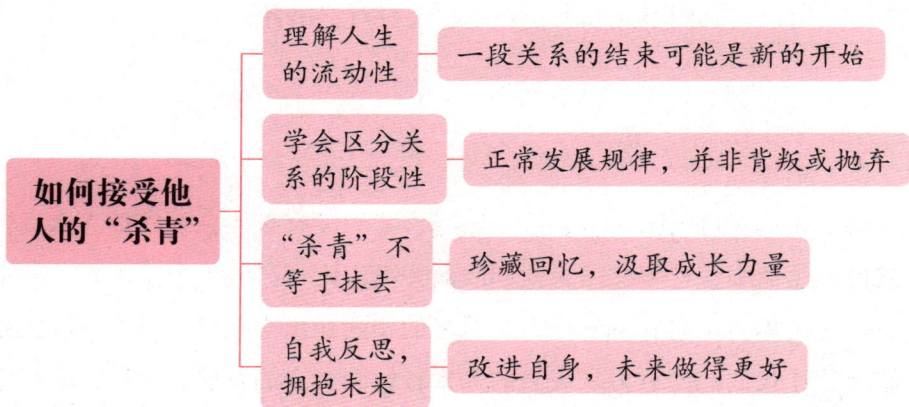

```
                    ┌── 理解人生       一段关系的结束可能是新的开始
                    │   的流动性
                    │
                    ├── 学会区分关     正常发展规律，并非背叛或抛弃
  如何接受他        │   系的阶段性
  人的"杀青"  ──────┤
                    ├── "杀青"不      珍藏回忆，汲取成长力量
                    │   等于抹去
                    │
                    └── 自我反思，     改进自身，未来做得更好
                        拥抱未来
```

接受"杀青"是一个不断学习和成长的过程。在这个过程中，我们将逐渐变得更加坚强、独立、成熟。最终，我们将拥有豁达的心态和自由自在的人生。人生的剧本还在继续，让我们以高阶女人的主体思维去面对每一次的"杀青"，从而活出更加精彩的自己。

女 性 **成长小建议**

人生的舞台不会因为某个"演员"的"杀青"而停止演出，我们会不断遇到新的"演员"，他们会给我们带来新的剧情和体验。我们要做的是继续扮演好自己的角色，去陪同新的"演员"体验丰富多彩的人生。

选择情绪，别问大脑的意见

我们的大脑就像一台精密的仪器，它会根据接收到的信息进行分析和判断，并给出一些相应的"指令"。例如，当我们遭遇失败时，大脑会告诉我们应该感到沮丧、难过；当我们受到批评时，大脑会告诉我们应该感到羞愧、愤怒。

这些都是我们正常的生理和心理反应，这是人类在成长过程中自然而然发展出来的一种自我保护的本能。很多时候，这些"指令"并非最佳方案，它们甚至会阻碍我们前进。我们应该学会选择自己调整情绪，而不是被大脑完全掌控指挥。

大脑的"指令"并不总是最佳方案

大多数人习惯性地听从大脑的"指令"。当遇到令人比较难过的事情时，大脑就像一个发号施令的将军，告诉我们："你该悲伤了。"于是，我们便不由自主地陷入悲伤的情绪之中。其实，我们还可以有另外一种选择，一种更为主动积极的方式，我们可以告诉大脑："这没什么大不了的，没事。"

雨过总会天晴

雨淅淅沥沥地下着，就像此刻小茜凌乱的心情。手机屏幕上，闪烁着那个再熟悉不过的名字，下面是冰冷的几个字："我们分手吧。"小茜的眼泪不受控制地涌出眼眶。

过往的甜蜜回忆就像电影片段一样闪过：一起看过的电影，一起走过的街道，一起分享过的快乐和悲伤……现在，所有的回忆都变成了尖锐的碎片，刺痛着她的心。大脑的指令清晰而明确："你应该崩溃，你应该哭泣，你应该恨他！"

小茜紧紧地攥着手机，耳边似乎响起了朋友们安慰她的声音："这样的男人不值得你为他伤心！""没事，下一个会更好！"道理她都懂，可是心里的痛一点儿都没有减轻。

她深吸一口气，努力控制住自己的情绪，告诉自己："不，我不能这样。"她迅速擦干眼泪，从包里拿出一个笔记本和一支笔，开始写下自己的感受。写完之后，小茜合上笔记本，长长地舒了一口气，心里似乎轻松了许多。

与其让自己沉溺于悲伤中，不如去做一些能够让自己成长的事情，分手固然会让人难过，但生活还是要继续。她想起自己一直想学的化妆，于是拿出手机，搜索化妆课程，屏幕的光映照在她的脸上，她的眼神里渐渐有了光彩。

小茜的故事告诉我们：一段感情的结束并不意味着世界末日，而是两

你的化妆技术越来越好了。

真的假的？我好开心哪！

个人在人生道路上的一次分岔。我们可以告诉自己："我值得有更好的人去呵护，这次的分离只是为了迎接更合适的人。"这种积极的自我暗示就是我们对大脑"悲伤指令"的有效反抗。

要学会说"没什么大不了"

不只是在生活中，在工作中也是如此。当我们辛苦准备的项目方案被上司否定时，大脑可能会说："你失败了，你应该感到沮丧，因为你自己的努力都白费了。"如果我们听从大脑的指令，那么我们可能会在办公室里垂头丧气，对自己的能力产生严重的怀疑，甚至可能会影响到我们后续工作的积极性。

如果我们选择另一种态度，对大脑说："这没什么大不了的，没事。"我们就能以更客观的视角来看待这次失败。我们可以冷静地分析上司否定方案的原因：是因为数据不够准确？还是方案的创新性不足？我们可以把这次的否定当作一次提升自己的机会，去重新收集数据，挖掘新的创意，去完善我们的方案。

我们可以在同事们因为失败而唉声叹气的时候，依然保持积极向上的状态，这种积极的正能量甚至可能会感染我们身边的人，从而形成一种良好的工作氛围。此外，当我们以这种积极的心态面对工作中的挫折时，会发现自己的抗压能力不断增强，因为每一次的挑战都成为我们成长的阶梯。

如何选择情绪？

首先，一定要觉察自己的情绪。当某种情绪出现时，不要急于做出反应，而是先停下来觉察它、感受它，问问自己："我现在是什么感觉？为什么会有这种感觉？"通过觉察，我们可以了解这种情绪的来源，从而找到引发这种情绪的真正原因。

其次，要挑战大脑的"指令"。当大脑告诉你应该感到悲伤、愤怒或恐惧时，不妨问问自己："真的要这样吗？有没有其他情绪的可能性？"试着从不同的角度去看待问题，寻找更积极的解释。例如，当我们遭遇失败时，与其沉浸在沮丧中，不如把它看作一次学习的机会，从中吸取经验教训，为下一次的成功做好准备。

再次，我们要努力地培养积极情绪。就像锻炼肌肉一样，情绪也需要锻炼。我们可以通过一些简单的练习来增强积极情绪。例如，每天记录三件让自己感到开心的事情，或者花一些时间去冥想、去感受内心的平静和喜悦。

最后，要记住：选择情绪并不意味着压抑负面情绪。负面情绪也是我们情绪中的一部分，它们的存在有其自身的意义。我们需要做的不是压抑它们，而是学会接纳它们、理解它们，并从中学习。与其被大脑的"默认设置"所控制，不如主动去选择情绪，掌控自己的人生。

如何选择情绪	觉察情绪（观察、感受、找原因）
	挑战大脑指令（多问可能性、积极解释）
	培养积极情绪（记录开心的事、冥想）
	接纳负面情绪（理解、学习）

选择情绪，并非压抑情绪

感受悲伤、愤怒、恐惧等负面情绪是人之常情，压抑它们只会适得其反，给我们造成更大的心理负担。我们可以找一个安静的角落，允许自己去感受情绪的波动，就像观察潮起潮落那样，静静地体会负面情绪带来的冲击。觉察情绪的产生，但不评判、不抗拒，只是单纯地去感受它、理解它，这才是明智之举。

不要被大脑误导，要拥有掌控情绪的能力

大脑是我们重要的思考工具，它能帮助我们分析问题，并做出判断。但我们不能完全依赖大脑，尤其是在情绪方面。我们需要学会识别大脑的"陷阱"，不被它所误导。

更重要的是，大脑的判断往往陷于过去的经验和固有的认知模式。如果过去的经历充满了负面情绪，那么大脑就会倾向于从负面的视角去看待事物，即使在积极的事件中，它也能找到消极的因素。

例如，一个从小被批评缺乏自信的人，即使取得了不错的成绩，也会怀疑自己只是运气好，而不是真的有能力。这种负面思维模式会不断强化，最终形成恶性循环。

很多时候，我们觉得自己是在做选择，其实往往是被情绪带着走。例如，在冲动之下说出伤人的话，或者在愤怒之下做出不理智的行为，事后却又后悔不已，这些都是被情绪控制的表现。

女 性 *成长小建议*

选择情绪，就是选择一种积极向上、充满希望的生活方式。它让我们相信，即使身处逆境，我们依然可以选择快乐，选择希望，我们有能力改变自己的命运。别再让大脑掌控指挥，从现在开始，选择情绪，做一个高阶女人，掌握自己的命运！

勇敢做自己，才会有人爱你

女人常常扮演着各种各样的角色：女儿、妻子、母亲、职场女人……每一个角色都像一件精心剪裁的华服，它或许光鲜亮丽，或许端庄优雅，但这些完美的华服却也可能会束缚我们，让我们感到喘不过气。尤其是在这个社交媒体盛行的时代，我们更容易被"完美人设"的浪潮席卷，活成别人期待的样子，却在别人期待的样子中渐渐迷失了自我。

你在做真实的自己吗？

你是否也曾感到疲惫？你是否也曾怀疑，那个在朋友圈里光鲜亮丽、永远积极向上的自己，真的是你吗？你是否也曾渴望卸下伪装，做回那个真实的、不完美的，却独一无二的自己？

你或许会担心，如果我不够"好"，会不会没有人爱我？如果我展现出真实的自己，会不会被孤立、被排斥？这种担忧在女人群体中显得更为普遍。我们从小受到的教育就是要乖巧、要懂事、要为别人着想，却很少有人告诉我们，要爱自己、要为自己而活。

亲爱的，请你相信，真正爱你的人不会要求你改变，而是要学会去接纳你本来的样子；真正爱你的人不会控制你的人生，而是尊重你的选择；真正爱你的人不会占有你的全部，而是欣赏你的独特。总会有那么一个人，他／她会透过你精心为自己打造的盔甲，看到你内心深处的柔软与坚忍，从而去欣赏你所有的优点和缺点，爱你最真实的模样。

不需要活成别人喜欢的样子

接纳自己的独特

**如何放下焦虑
与接纳自我**

内向或外向都有独特的魅力

保持独立思考，不被外界左右

勇敢做自己，人生拥有无限可能

一天，30 岁的林晓梅鼓起勇气向相亲对象表达了好感，却只得到一句略带歉意的回复："你人很好，但我们彼此不太合适。"对方离开后，林晓梅心里突然产生了一种无力感和自卑。她觉得自己已经不再年轻，也不够漂亮，事业上不够成功，在婚恋市场上已经失去了竞争力。

回到家后，她蜷缩在沙发里，任凭负面情绪将她包围。看着手机朋友圈里不断更新的朋友们晒娃、晒幸福的动态，更让她感到自己的格格不入。从那天起，林晓梅变得更加沉默，她将自己封闭在自己的小世界里。她不仅推掉了朋友的聚会，也拒绝了新的相亲安排，每天下班后就宅在家里，一个人对着电视屏幕发呆，觉得生活失去了方向和意义。

这样的日子持续了几个月，直到她在一次瑜伽课上遇见了苏晴。苏晴是一位自由职业者，虽然已经 35 岁了，却依然保持着活力四射的状态。她自信、独立、充满热情，浑身上下散发着迷人的光芒。她鼓励林晓梅说："无论什么年龄，无论处于哪个阶段，都是人生的黄金期，我们还有无限可能。"

在苏晴的陪伴下，林晓梅逐渐走出了自卑的阴影，她开始重新认识自己，也开始欣赏自己的独特。现在的林晓梅，脸上总是带着从容自信的微笑，她的眼睛里闪烁着对生活的热爱和对未来的期待。她不再是那个躲在家里自怨自艾的女人，而是一个拥有独立人格、散发着成熟魅力的独立女人。她也终于明白，勇敢做自己才是最好的选择。

撕掉标签，不为他人而活

你习惯性地压抑自己的需求，去迎合别人的期待。你害怕格格不入，害怕被贴上"异类"的标签。你努力扮演着"完美"的角色，却在日复一日的"表演中"越来越疲惫，越来越迷失自己。

放下这些焦虑吧！你无须活成别人喜欢的样子，你只需要活成自己喜欢的样子。比如你喜欢穿舒适的帆布鞋，而不是追逐潮流的高跟鞋；你喜欢读书写字，而不是热衷于社交聚会；你喜欢宅在家中享受宁静，而不是强迫自己融入喧闹的人群……这都没有关系。你的喜好，你的选择，都应该由你按照自己的想法决定。

接纳自己的不完美

你不需要为了迎合别人而改变自己，也不需要为了融入群体而压抑自己独特的个性。你的独特个性正是你最闪耀的光芒。

可能你觉得自己长得不够漂亮，脸上有几颗让你心烦的痘痘，身材也不是那么完美，但这些正是让你与众不同的地方。或许你是个内向的人，不太善于交际，在人多的场合里总是有点儿手足无措，但这并不影响你交到真心朋友。不要试图去掩盖这些所谓的"不足"，因为当你接纳它们时，你会发现，这些不足也有它们独特的魅力。

关注自己的内心需求

勇敢做自己，并非一味地我行我素，不顾及他人的感受。它是在尊重他人、遵守社会规范的前提下，保持独立思考的能力，不轻易被外界的声音所左右。它是一种清醒的自我认知，也是一种对自身价值的肯定，更是一种对人生的掌控感。

	在逆境中保持坚强
如何拥有勇敢做自己的力量	在迷茫中找到方向
	活得更真实、自由、快乐
	吸引志同道合的朋友

也许你曾经迷失过，曾经彷徨过，曾经怀疑过自己。但请记住，你有选择做自己的权利。放下那些不必要的负担，卸下那些虚伪的面具，聆听自己内心的声音，勇敢地去追寻你想要的幸福。

当你真正开始做自己的时候，你会发现，世界会为你敞开大门。你的独特个性会吸引与你志同道合的朋友，你会遇到欣赏你、理解你、爱你的人。你会发现，原来做最真实的自己才是通往幸福的捷径。

不要害怕被别人拒绝，也不要害怕被误解，更不要害怕格格不入。因为总有那么一些人，他们会看到你隐藏在面具之下的光芒，他们会欣赏你独特的个性，他们会欣赏真实的你。

女性 成长小建议

　　对于每一位高阶女人来说，做最真实的自己才是我们最珍贵的财富，是我们自信的来源，更是我们魅力的根基。所以，亲爱的你，请勇敢做自己，相信自己，爱自己。因为你值得被爱，你值得拥有属于自己的幸福。

慢下来，给自己一点儿时间

在快节奏的生活里，我们每天像陀螺一样不停地工作。追逐效率、咖啡续命、外卖果腹、加班熬夜……这一切似乎成了现代女人的常态和标志。微信朋友圈里充斥着精致生活、成功学鸡汤，焦虑地贩卖着"30岁前要完成的人生清单"，仿佛稍有片刻停歇就会被时代抛弃。

你看着各类APP中那些光鲜亮丽的博主，那些精致的妆容、昂贵的包包、说走就走的旅行，在羡慕之余，你的内心是否也涌起一丝焦虑？你是否也开始怀疑自己不够优秀，不够努力？如果你的答案是肯定的，那么请你停下脚步，深深地吸一口气，问问自己：这真的是你想要的生活吗？

"罗马"不是人生的必选项

每个人的人生都有自己的节奏和剧本。到达罗马的道路并非只有一条，人生的剧本也各有不同。你或许没有名牌包包，但你衣柜里那套柔软、舒适的睡衣也曾伴你度过无数个温暖的夜晚。你或许没有豪车，但你每天在挤地铁的路上，看到的风景，听到的故事，也都是生活的一部分。你或许还没有遇到那个可以托付终生的人，但你可以尽情地享受独处的时光，读书、听音乐、追剧，活得自在而充实。

与其执着于抵达别人定义的"罗马"，不如用心经营自己的"小王国"。因为通往幸福的道路从来都不止一条。

不要被他人的节奏困扰

工作不顺利又怎样？谁的人生不是跌宕起伏呢？每一次的跌倒，或许都会让你变得更加坚强、更加成熟。与其沉浸于负面情绪之中，不如积极寻找解决问题的办法，或者干脆换个方向，重新开始。

身材不够完美又怎样？健康才是最重要的。不必为了迎合别人的审美而去过度减肥，也不必为了追求所谓的"完美身材"而牺牲自己的健康。每个人的身材都有自己的特点，与其追求千篇一律的"白幼瘦"，不如活出自己独特的魅力。

想要的东西永远不一样，生活节奏也各有快慢。无须因他人的进度而扰乱自己的计划。微信朋友圈里，这个人升职加薪了，那个人创业成功了，又或者谁换车了，谁买别墅了……那又怎样？这一切都与你无关。专注于你自己的目标，走好你自己的路，那才是最重要的。

过度追求单一标准的成功，反而可能让我们人生道路上失去自我，错失生命中真正的美好。

不必为了迎合他人的期待而委屈自己，也不必为了追逐虚无缥缈的目标而感到焦虑不安。

如何才能避免
被他人困扰

- 工作不顺利时，积极寻找解决办法
- 接纳自己的所有，开心健康最重要
- 专注于自己的目标，走好自己的路
- 放慢脚步让身心轻松，内心有力量

艾丽斯的花期

艾丽斯从小就喜欢画画儿。蜡笔、彩铅、颜料，任何一种可以留下色彩的工具都能让她兴奋不已。她喜欢画蓝天上飘浮着的白云，喜欢画草地上盛开的野花，喜欢画邻居家那只慵懒的猫咪。她的作品中充满了童趣，充满了一种对世界纯粹的热爱。

上大学的时候，艾丽斯毫不犹豫地选择了美术专业。在"高手如云"的艺术殿堂里，艾丽斯这才发现自己曾经引以为傲的"天赋"是多么微不足道。她开始感到焦虑，急于证明自己。她开始尝试各种风格，参加各种比赛，希望能够迅速获得认可。然而，事与愿违，她画得越多，越感到力不从心，她找不到自己的方向，也找不到属于自己的表达方式。

大学毕业后，艾丽斯没有像其他同学那样急于找工作，或者成立自己的工作室。她意识到自己需要沉淀，需要寻找真正的灵感。她卖掉了自己的一部分作品，买了一张环球机票，背上简单的行囊，开始了漫长的旅行。

十年来，三千多个日日夜夜，艾丽斯走遍了世界各地，体验了不同国家的历史文化，感受了世界各地的不同生活。她不再焦虑，不再急于求成。

40 岁生日那天，艾丽斯在纽约举办了自己的个人画展。画展轰动了整个艺术界。评论家们赞叹她的艺术才华，观众被她的作品所感动。艾丽斯的名字一夜之间传遍了大街小巷。

艾丽斯的故事告诉我们，给自己一点儿时间，去探索，去体验，去感受。只有这样，才能找到属于自己的目标方向，才能活出属于自己的那份精彩。只要不急于求成，不追赶潮流，属于你的花期终将会到来。

停下来，感受生活的美好

如果生活像一团乱麻，让你喘不过气来，那不妨停下来吧。去见一见好久不见的闺密，去品尝一下一直想吃的甜品，去看一看远方美丽的风景，给自己一点儿时间，让自己的心静一静。

即使一无所有也没有关系，人生充满无限的可能，我们可以努力去创造，给自己一点儿时间。那些制造焦虑的人并不会真正帮助你，那些鼓吹"躺平"的人也并不会对你的人生负责。只有你自己才能决定你的人生方向，把握自己的命运。

时间的力量

有这样一句话："把心放空到极致，保持安静到彻底。只觉得世间万物都在动，我静静地看着它们怎么循环。"这是在告诉我们，要让自己的心保持一种既空又静的超级稳定状态。当我们放慢脚步时，心情和身体都会变得轻松，内心也会充满强大的力量。

在这种情况下，我们能更清楚地感觉到时间是怎么一分一秒过去的。不管是追求梦想还是摆脱困境，时间都会帮助我们成长，它会让所有事情自然而然地顺利进行。

女 性 *成长小建议*

　　我们总是急于想要一个结果，为了这个结果，不惜牺牲自己的时间、精力和健康，到头来得不偿失。所以，给自己一点儿时间，让自己慢下来吧！去感受生活的美好，去发现自己的潜能，去创造属于自己的精彩人生，做一个高阶女人。

每一段经历都让自己的
阅历更丰富、人生更饱满

人生就像一条弯弯曲曲的河流，我们都是河流里的小船，顺着水流走，有时候风平浪静，有时候波涛汹涌。一开始，我们希望有人能帮助我们分担烦恼，希望别人能理解我们，给我们一些安慰。但慢慢地，我们学会了自己扛起所有，不再向别人诉苦。我们开始明白，其实没有多少人真正在乎我们的委屈和难过。这个过程虽然煎熬，但也说明我们正在慢慢变得成熟和坚强。

生命就是不断地自我重塑

生命的过程就是在不断地完成自我重塑，那些生活中的不如意，那些挑战和困境，其实都是在激发我们重新塑造一个更好的自我。它们如同磨刀石，一下一下磨砺着我们的意志，塑造着我们的人格，最终让我们蜕变成为更加闪耀的自己。我们变得更加勇敢，不再惧怕困难，而是昂首挺胸地迎难而上，勇敢承担起生活的重担。

所有的经历都是来成就你的

生活中的每一段路，路上的每一次经历，都是一种内心的领悟。我们阅尽世间百态，逐渐看淡世事冷暖。那些曾经让我们痛苦不堪的经历，最后都会变成照亮我们前进的灯塔。我们不要太纠结于现在，也不要太担心将来，因为人生没有白走的路，一切都是最好的安排。时间能让我们的内心释怀和坦然，那些独自走过的路，那些经历过的坎坷，都会让我们变得更加独立。

经历成就高阶女人的人生
- 丰富阅历，坎坷让我们变得独立
- 学会面对挑战、克服困难、珍惜拥有
- 明白人生意义在于体验过程和感受美好

在低谷中成长

35 岁的李萍曾经是人人羡慕的都市白领，她拥有令人艳羡的高薪工作和体面的生活。然而，一场突如其来的公司裁员打破了她平静的生活，失业的打击让她措手不及。

为了生活，李萍不得不放下身段，开始尝试各种不同的工作。她做过销售员，忍受着客户的冷眼和拒绝；她也做过服务员，每天忙忙碌碌，应对各种突发状况。这些经历与她之前光鲜亮丽的白领生活形成了鲜明的对比，让她感受到了生活的艰辛和不易。

　　然而，也正是这些看似"低谷"的经历激发了李萍的潜力。在销售工作中，她学会了如何与人沟通，如何推销自己；在服务行业，她磨炼了自己的耐心和细心，学会了如何更好地服务他人。她开始明白，人生的价值并非仅仅体现在一份光鲜亮丽的工作上，而在于自身的成长和进步。

　　如今的李萍早已褪去了失业时的焦虑和迷茫，取而代之的是自信和从容。她不再执着于过去的光鲜亮丽，而是更加珍惜现在所拥有的一切。她把每一段经历都视为人生的宝贵财富，这些经历让她更加成熟、更加坚强，也让她更加热爱生活。

　　我们要相信，每一件事情的发生必有利于我们！每一次摔倒，都是在教我们怎么爬起来；每一次失败，都是在帮我们积攒经验；每一次痛苦，都是在提醒我们幸福很宝贵。人生路上，挑战和机会到处都是，我们要做的就是大胆去挑战，不错过任何机会，让自己的人生更加精彩。

人生就像一场漫长的旅行

　　在人生的旅途中，我们会遇到形形色色的人，会经历各种各样的事。有些经历会让我们感到快乐和幸福，有些经历则会让我们感到痛苦和悲伤。但无论是什么样的经历，它们都是我们人生的一部分，都是我们成长过程中不可或缺的养分。

　　正是这些经历丰富了我们的人生阅历，让我们变得更加成熟。正是这些经历教会我们如何面对挑战，如何克服困难，如何珍惜所拥有的一切。它们让我们明白，人生的意义不仅在于追求成功，还在于体验过程，感受生活的美好。

　　那些高段位、高品位的女人深知这些经历的价值。正是这些精彩的经历丰富了我们的人生阅历，促使我们变得更加睿智。

　　在这个纷繁复杂的世界中，每一次挑战都意味着一次成长的机遇。我们要像那些高段位女人一样，在旅途中收集每一份经历。无论这些经历带来的是喜悦还是悲伤，我们都可以在逆境中汲取力量，在欢愉中培养感恩之心。

女 性 成长小建议

相信自己，以高段位女人的自信和高品位女人的优雅，勇敢地面对人生的挑战。请记住，每一段经历都是为了让我们的人生阅历更丰富，人生更饱满，这也是我们在人生之河中航行的意义所在。

第二章

人间清醒，开启
挑战模式，做自己的女王

你是否感觉生活就像一系列未完成的课题，总是循环往复地出现？你是否渴望拥有更强大的内核，在风雨中屹立不倒？亲爱的女王们，别再活在对未来的焦虑和对意义的追寻中。关注当下，感受每一个真实的瞬间。人生的意义不在于终点，而在于每一个精彩的当下。让我们一起开启挑战模式，活出女王的姿态，掌控自己的人生！

没有完成的课题会一直出现

　　人生就像一本永远做不完的练习册，上面密密麻麻地记录着成长路上的各种课题。有些课题简单易解，有些课题则复杂难懂，但它们都是我们生命中不可或缺的一部分。按照习惯逻辑思维去做事情，仿佛是命运的安排；逆着习惯思维去做事情，挑战自我，则是在改写命运。

　　不管是在工作还是生活中，我们总是在循规蹈矩地完成一些任务，也经常会在新的挑战面前感到无所适从。仿佛冥冥之中自有安排，那些我们试图逃避、绕开的难题，会以不同的形式反复出现，直到我们鼓起勇气去面对它、解决它、放下它。

命运的暗示与契机

　　这并不是命运在刁难我们，而是希望我们对同样的课题能给出不一样的答案，从而展现出我们的成长和变化。就像玩闯关游戏一样，只有解决当前的难关，才能进入下一阶段。人生的课题终究要自己去经历，别人无法替代。所以，不要害怕挑战，允许自己与内在的冲突对抗，允许自己不断重塑，最终破茧成蝶，迎接新生。

逃避的课题从未消失

　　一直以来，周某都感觉数学就像一座难以逾越的大山。为了能考上好大学，他硬着头皮参加了数学补习班。最终，他勉强考上了一所外国语大学。

周某兴高采烈地踏入了大学校园，以为从此可以告别数学这个噩梦。然而，命运似乎和他开了一个很大的玩笑。入学后他才发现，自己被分到了一个需要学习高等数学的专业。大学的高数比高中的数学更加抽象和复杂，他不得不再次拿起课本，和那些复杂的公式、定理做斗争。

大学毕业后，周某长舒了一口气，心想终于可以彻底摆脱数学了。然而，在求职过程中，他发现自己真正感兴趣的工作，例如与数据分析、人工智能相关的岗位，都需要具备一定的编程能力，而编程的基础恰恰就是数学。

在人生的旅途中，我们总会遇到一些不想面对的挑战，总想绕道而行。与其逃避，还不如勇敢地去挑战、去学习、去成长。只有这样，我们才能最终打破命运的枷锁，走向更加广阔的人生舞台。

直面挑战：答案就在行动中

为什么想要逃避的课题总会重复出现？因为它从未真正消失，只是被压抑在了我们的潜意识里。潜意识就像一个忠诚的记录员，不断地把这些未解决的问题推送到我们面前，等待我们去正视和面对。这些未完成的课题恰恰是我们成长的关键。只有去察觉、去发现，才能突破、才能更新。

命运安排 vs 改写命运		
面对与解决	挑战自我——	解决问题
自我重塑	破茧成蝶——	迎接新生
逃避的后果	重复出现——	无法摆脱

所以，不要逃避，也不要担心结果不圆满。只要去做，就一定会有答案。当我们有能力解决这些困难时，也就真正跨越了这个课题。这些反复出现

的难题，究竟想教会我们什么？它指出了我们的哪些不足？对于女人来说，这些人生课题可能体现在方方面面。

高手段女人的自我探索

亲密关系：你是否总是被同种类型的伴侣所吸引？也许你会反复遇到"渣男"，或许你总是吸引到性格强势、控制欲强的伴侣。这可能反映了你内心深处渴望被爱、被呵护，却又害怕被掌控的心理。你需要学习如何建立健康的亲密关系，如何表达自己的需求，如何维护自己的边界。

家庭关系：你与父母、兄弟姐妹的关系是否和谐？原生家庭的阴影是否一直影响着你？也许你渴望得到父母的认可，却又总是感到不被理解；也许你与兄弟姐妹之间存在竞争和比较，让你感到压力重重。你需要学习如何与家人有效沟通，因为只有建立更健康、更和谐的家庭关系，才能治愈原生家庭带来的心理创伤。

事业发展：你是否在职场上屡屡碰壁？你是否感到怀才不遇，无法施展自己的才能？也许你害怕失败，缺乏自信，不敢挑战更高的目标；也许你过于追求完美，给自己施加了过多的压力。你需要学习如何提升自己的专业技能，如何建立自信，如何平衡工作与生活，如何找到真正适合自己的职业方向。

困在格子间里的她

30岁的田瑜，每天早上醒来都觉得疲惫不堪。她讨厌自己的工作，每天无休止的报表和会议，让她感觉自己像个机器。办公室里的紧张气氛，同事间的钩心斗角，以及吹毛求疵的上司都让她难以忍受，每次对接工作都让她心力交瘁。

这样的日子已经持续了三年。田瑜崩溃过很多次，经常躲在洗手间里偷偷哭泣，哭泣后又强打精神继续工作。她不断告诉自己要坚持、要忍耐。她想过辞职，但却不知道辞职后能做些什么。她既没有找到自己真正想做的事情，也没有找到下一份工作的保障，她不敢轻易尝试。房租、水电、生活费都需要钱，她不敢想象没有收入的日子。

所以，她又能一次又一次地妥协，继续在这个让她感到窒息的格子间里挣扎。她不知道自己是在处理问题还是在逃避现实。她只知道，她需要这份工作来维持生活。

找到自己喜欢做的事情，真的是最终的出路吗？田瑜只知道，现在她很累、很迷茫。她渴望改变，却又害怕未知。她被困在这个格子间里，找不到出口。

高手段女人的进阶之路

自我成长：你是否对自己感到满意？你是否清楚地知道自己想要什么？也许你总是陷入自我怀疑，缺乏安全感，无法接纳真实的自己；也许你渴望改变，却又害怕未知，不敢迈出舒适区。你需要学习如何提升自我认知，如何接纳自己的不完美，如何找到自己生存的价值和意义，如何活出真实的自我。

身心健康：你是否重视自己的身心健康？你是否能够平衡工作、生活和休闲时间？也许你总是处于焦虑和压力之中，无法放松身心；也许你忽视了自己的身体健康，导致各种疾病的发生。你需要学习如何管理自己的情绪，如何保持健康的生活方式，如何关注自己的身心健康，只有这样才能拥有更加快乐的人生。

这些课题往往反映了我们内心的渴望和缺失。你总是被成熟稳重的男人所吸引，或许是因为你内心渴望安全感；你总是对有能力的男人心动，或许是因为自身缺乏自信，渴望被认可和肯定。与其抱怨，不如问问自己：这个反复出现的难题，到底想教会我什么？

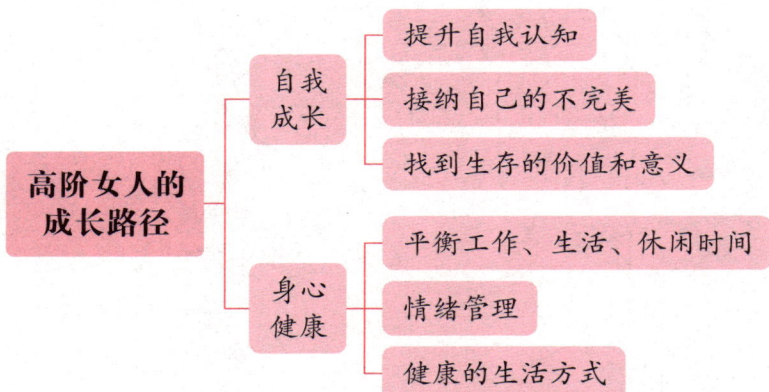

```
                                    ┌─ 提升自我认知
                          ┌─ 自我 ──┼─ 接纳自己的不完美
                          │   成长   └─ 找到生存的价值和意义
   高阶女人的 ────────────┤
   成长路径                │         ┌─ 平衡工作、生活、休闲时间
                          └─ 身心 ──┼─ 情绪管理
                              健康   └─ 健康的生活方式
```

宇宙的讯息：拥抱挑战，完成蜕变

课题往往藏在我们的欲望和潜意识里，我们要做的就是拨开迷雾，勇敢地面对自己。首先，要弄清楚自己逃避的原因是什么：是害怕失败？害怕被拒绝？还是害怕失去？只有找到问题的根源，才能对症下药。其次，要承认自己是在逃避并不容易，因为这意味着要面对自己的脆弱和不足。但只有正视自己的问题，才能找到解决的办法。

该经历的一个都少不了

从我们一出生，人生的课题就已经安排好了，该经历的一个都少不了。如果在某一件事上栽了跟头，没能跨过去，那么同样的事情以后还会换个形式再次出现。因为命运会反复出同样的题，直到我们意识到必须勇敢面对，才有可能解决，不然就会一直循环出现。

所以，面对人生课题，我们要勇敢地去解决和接受。要发现自己内在的冲突，学习新的认知，更新思维模式，直面所有问题，尤其是那些我们害怕和不擅长的问题。

只有把那些未完成的事情处理好，我们才能进入人生的下一个阶段，当课题不再阻碍我们前进，那种停滞不前的感觉才会消失。对于每一个追求卓越的女人来说，如何运用手段面对并完成这些人生课题，是成就自我的关键。

女 性 成长小建议

当我们能够正视并解决这些未完成的课题时，我们的人生剧本就不再是重复的循环，而是一场充满惊喜和创造力的旅程。这才是真正的高手段、高品位女人该拥有的人生，一种由内而外散发出的自信与优雅，一种对人生的深度理解和掌控。

人生支点越多，内核越稳定

现代女人无论身处哪一个阶段，都会面临各种各样的压力，如职场竞争、家庭责任、情感起伏……仿佛我们一直都在走钢丝，哪一头失衡都可能让我们感到焦虑和迷茫。

如何在这生活的洪流中站稳脚跟，活出精彩的自我？秘诀就在于：修炼自己的强大内核，成为一位高手段、高品味的女人。

认识人生支点的力量

什么是"支点"？就是当你面对不喜欢的工作、不如意的情况时，能支撑你的精神力量，它是一种缓解无聊生活的办法，是自己的力量源泉，能让你抚平内心的不愉快，找回能量的一种办法。

它可以很宏大，可以是伴随一生的，比如理想、事业，或者一份珍贵的感情。也可以是很小的期待，比如回家路上想见到的猫咪、想去的演唱会、计划下次假期旅行去的地方。女人一定要给自己的生活多找些支点，创造属于自己的精神小天地。

每个支点就像你人生拼图中的一块，它们共同构成了你完整而丰富的人生图景。工作不顺心？没关系，我还有知心的朋友可以倾诉，还有喜欢的偶像可以追寻，还有收藏的食谱等待我去尝试。

构建多维支点，抵御生活冲击

如果你的生活只有一个支点，那么这个支点上的任何一点儿小问题都会被无限放大，它会占据你的全部思绪。比如脸上长了一颗痘痘就容貌焦虑，恋人回微信晚了一点儿就胡思乱想，买不到喜欢的衣服就耿耿于怀，没做成一件事就自我怀疑……这样的生活，该有多么脆弱和不堪一击！

我们需要更多的支点来支撑内心，用更广阔的精神世界减轻痛苦。这些支点不会让我们对某件事的热爱减少，反而会让我们的灵魂更丰富、对自己更有信心。浴缸里的风暴在大海里根本不算什么，人生的支点越多，内核就越稳。

避免单一依赖，提升抗压能力

如果你把所有的精神寄托都放在一件事上，那么这件事对你的情绪影响就是百分之百的。如果你只有工作，下班后除了睡觉没有任何其他的活动，那么工作中的所有不愉快就会在你的生活中被无限放大。如果你利用午休时间去跑跑步、睡前读一些你喜欢的文字，那么你工作中的不愉快就会被分散，你的一天就会丰富多彩，你感受到快乐和幸福的可能性也会更大。

别让生活失去乐趣

林薇是一名银行柜员，每天的工作就是坐在柜台后，机械地处理着各种业务。她对这份工作谈不上热爱，纯粹只是为了生活。

林薇把所有的精力都放在工作上，没有其他爱好和活动。每天一上班，面对排着长队的客户、各种复杂的业务手续，还有偶尔的客户抱怨，她的压力越来越大。下班后，她拖着沉重的脚步回到家，脑海里全是工作中不愉快的事，感觉这样的日子暗无天日。

在快要崩溃时，林薇开始尝试在阳台上种植一些花草，从播种到浇水，再到看着它们一点点发芽、生长，这个过程竟神奇地抚慰了她焦虑的心。

渐渐地，林薇的生活开始发生改变。她不再把所有的时间都花费在工作上，而是学会了给自己留白。每天清晨，她会在阳台上摆弄花草，呼吸新鲜空气。晚上，她会读一些自己喜欢的书籍，或者去附近的瑜伽馆练习瑜伽，以此放松身心。虽然每天的工作依然很忙碌，但她不再被工作压得喘不过气。

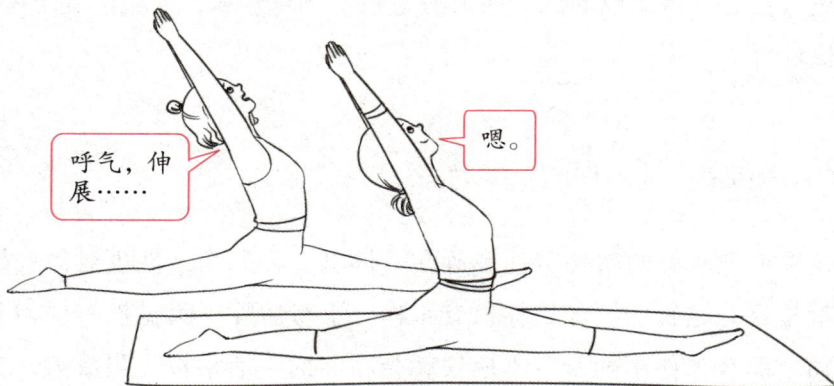

分散精神寄托，掌控情绪平衡

不要让你的生活只有单调的轨迹，试着去探索自己的兴趣，培养一些爱好。比如写作、音乐、舞蹈、阅读、旅行等，它们都可以是支点。你还可以挑战一些新的技能，例如学习一门外语、考取一个专业证书，从而不断地提升自我价值。

这些爱好不仅能让你在忙碌的工作之余放松身心，还能让你挖掘自己的潜能，体验创造的乐趣。当你全身心投入一件自己喜欢的事情中时，那种心理状态带来的满足感会让你感受到生命的活力和热情。

用心经营人际关系，获取情感支持

除了个人兴趣，人际关系也是重要的生活支点。与家人、朋友保持良好的沟通，用心经营亲密关系，这些都能够为你提供强大的情感支持。女人天生情感细腻，她们更需要情感的滋养。

和闺密一起逛街、聊天儿，和家人一起共进晚餐，这些看似平常的小事，却能给我们带来莫大的温暖和力量。一个温暖的拥抱，一句贴心的问候，都能抚慰我们内心的焦虑，让我们感受被爱和被需要。

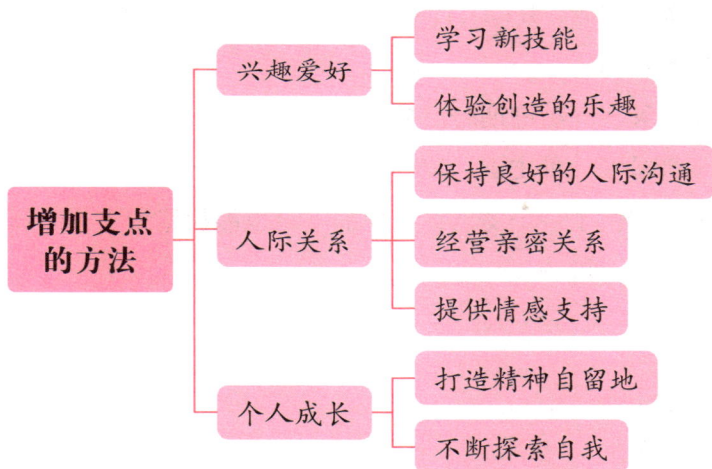

增加支点的方法
- 兴趣爱好
  - 学习新技能
  - 体验创造的乐趣
- 人际关系
  - 保持良好的人际沟通
  - 经营亲密关系
  - 提供情感支持
- 个人成长
  - 打造精神自留地
  - 不断探索自我

打造精神自留地，提升内在修养

为自己打造一个精神自留地，既可以是一间安静的书房，也可以是一个充满阳光的阳台。在那里，你可以阅读、思考、写作，与自己的内心对话，不断探索自我，提升内在修养。

生活并不总是轰轰烈烈，它更多的是柴米油盐的日常。学会发现生活中的小幸福，感受生活中平凡的快乐，也是提升幸福感的重要途径。它可以是一杯香浓的咖啡，一束美丽的鲜花，一部感人的电影，一次愉快的旅行……这些看似微不足道的小事，有时就能点亮我们的生活，让我们感受到生活的美好。

　　每个人都会经历挫折和低谷，与其压抑负面情绪，不如坦然接受它们。允许自己悲伤、焦虑、迷茫，试着去理解和接纳这些情绪，然后用健康的方式释放负面情绪。

修炼高阶女人的强大内核

　　内核的修炼是一个不断探索和完善自我的过程。我们要更多能支撑自己的东西，例如技能、爱好、计划、副业等。记住，负面情绪只是暂时的，它不会永远困扰你。

　　当支点足够多、精神期盼更多样化时，单一的不愉快就很难影响我们的情绪。不管是哪一种支点，我们拥有的东西越多，就能越快恢复到积极的状态。即使失去了一个支点，其他的支点也能稳稳地支撑着我们，给我们做事的底气和力量。

女 性 **成长小建议**

　　高阶女人的价值不仅体现在工作和成就上，还体现在对生活的热爱、对自我的探索以及对世界的贡献上。不要把人生的希望寄托在单一的事物上，试着去开拓更多的可能性，去体验更多的人生乐趣，成为一个拥有多维人生、稳定内核的高手段女人！

伤心，难过，痛苦：
恭喜你正在体验"地球特产"

亲爱的你，是否曾被焦虑、难过、痛苦等负面情绪裹挟？你是否感到身心俱疲，渴望逃离这一切？如果你能够换个视角看待情绪，或许就能够从困境中找到一丝轻松和力量。

负面情绪是人生的限时体验卡

当我们被负面情绪包围时，不妨拍拍手，笑着告诉自己："哈哈，我又来体验地球特产啦！"

是的，焦虑、痛苦、内耗……这些让人不适的情绪都是地球限定版体验。如果离开地球，前往浩瀚宇宙，你将再也无法感受这些地球限定版体验。百年之后，即使你想再次体验，恐怕也无能为力。

所以，无论此刻你正经历着怎样的情绪：是甜蜜的喜悦，还是苦涩的悲伤，都请把它当作一张限时体验卡，尽情去感受。就像一场独一无二的游戏，既然来了，就好好体验一番。

高阶女人懂得与情绪共舞

作为女人，我们很容易被情绪左右。社会赋予我们的角色，让我们更敏感、更细腻，也更容易感受到压力和焦虑。因为我们在职场上要独当一面，在生活中要照顾家庭，还要不断提升自己，追求更美好的生活……所有这一切，都让我们身心俱疲。

高阶女人懂得如何与情绪相处。她们不会被情绪掌控，而是将情绪视为一种人生体验，一种成长的契机。

地球限定体验

想象一下，你正在玩一款名为"地球在线"的游戏。突然，你触发了一个特殊彩蛋，解锁了一个名为"人生挑战"的副本。副本中充满了各种挑战，有快乐、有悲伤、有成功，也有失败。那么你会如何应对？

是选择逃避，放弃游戏？还是勇敢面对，迎接挑战，积累经验，最终通关？高阶女人都会选择后者。因为她们明白，人生的意义在于体验，在于成长。每一次挑战都是一次宝贵的学习机会，每一次跌倒都能让她们变得更加强大。

所以，当负面情绪来袭时，我们不妨换个角度思考：这是"地球在线"为你精心准备的特殊副本，是帮助你升级的宝贵经验。就像游戏里掉落的碎片，只要收集得足够多，就能兑换更高级的装备，解锁更精彩的剧情。

开启地球限定体验	人生挑战副本：快乐、悲伤、成功、失败
	高阶女人选择：勇敢面对，积累经验

晓琳的"地球在线"挑战

晓琳不仅是一位职场女人，也是一位妻子和母亲，生活的压力如同一座座小山，不断地向她压来。在公司里，她接手了一个重要项目。这个项目时间紧、任务重，连续几天，她都在办公室加班到很晚。同事之间微妙的竞争关系更让她感到焦虑，似乎每个举动都被人审视着，每个决策都可能被质疑。

回到家，家里本应是温暖的港湾，但孩子的学业问题又让她头疼。辅导作业时，孩子的表现常常让她忍不住发火，看着孩子委屈的眼神，她又满心愧疚。丈夫工作也忙，两人的交流越来越少，家庭氛围变得有些沉闷。

这一天，因为项目上出现了一个严重的失误，晓琳被领导严厉批评。她觉得自己仿佛陷入了黑暗的深渊，焦虑、难过、痛苦的情绪将她紧紧包围，她感觉自己临近崩溃。

走在回家的路上，晓琳突然想起以前玩游戏时，不管多难的关卡，她都没放弃过。这让她有了新的想法，她决定换个角度看问题。在回家的路上，她忍不住大哭了一场，把心里的压力都发泄了出来。哭完之后，她冷静下来想了想，发现工作上遇到的问题主要是因为沟通不顺，家里的问题则是缺少陪伴和相互理解。

接下来，她主动和同事们重新梳理项目细节，加强沟通，也和丈夫心平气和地谈了一次，两人决定每天抽出一点儿时间陪伴家人。渐渐地，项目有了起色，家庭氛围也变得温馨起来。晓琳就像在游戏中收集到了珍贵的碎片，利用它们成为更强大的自己，从而向着更精彩的人生继续前行。

我们最近都忽略了家人，以后要改。

嗯，我们得好好陪陪家人。

将负面情绪转化为成长的动力

与其沉浸于负面情绪，不如积极面对，从中汲取力量，让自己变得更强大、更智慧。高阶女人是如何将负面情绪转化为成长的动力的呢？

接纳情绪：不要压抑或逃避负面情绪，试着接纳它们的存在。告诉自己，出现这些情绪是人之常情。

分析情绪：试着找出引发负面情绪的原因。是因为工作压力太大？是人际关系出现了问题？还是对未来感到迷茫？只有找到原因，才能对症下药。

转化情绪：将负面情绪转化为积极的行动。例如，感到焦虑时，可以去做一些运动，或者听一些舒缓的音乐；感到难过时，可以去找朋友倾诉，或者写日记记录自己的感受。

提升认知：阅读一些心理学书籍，学习一些情绪管理技巧，只有提升自己的认知水平，才能更好地应对各种情绪挑战。就像游戏里提示的那样："亲爱的玩家，恭喜你成功触发特殊彩蛋，解锁特殊副本……请继续向前探索，去更远的地方吧！"

女性成长小建议

人生是一场奇妙的旅程，旅程中充满了各种各样的体验。所以，你无须害怕负面情绪，而是把它当作"地球特产"，尽情体验，勇敢前行。相信你一定能活出精彩的自己，成为一个高阶、智慧、优雅的女人。

用更大的世界稀释痛苦

亲爱的你是否曾在生活的某个瞬间感到窒息？也许是因为失恋的锥心之痛，也许是身处职场的迷茫焦虑，又或许只是生活中鸡毛蒜皮的小事……你是否觉得世界很小，小到只容得下眼前的烦恼？

很多女人都可能在人生的某个阶段经历过这样的痛苦。但请相信，一切都会过去。让我们一起来学习高阶女人的人生智慧：去拥有更广阔的世界，去稀释那些痛苦，活出更精彩的自己。

困局：世界太小，容易被击垮

很多女人在生活中容易陷入一种"困局"，她们的世界很小，可能只有家庭和孩子，或者只有工作。一旦生活中出现变故，她们很容易被击垮。因为她们的全部精力和情感都放在这一件事上，一旦失去，就感觉失去了所有。

这并不是要你逃避现实，而是要你提升格局，去拓展生命的边界。当你的世界足够广阔，任何单一的痛苦都无法将你击垮。就像一杯浓烈的咖啡，如果加入过多的水，味道就会变得清淡。

稀释痛苦：分散精力，放大"分母"

当你把你的时间、精力和情绪分散到更多的事情上时，你的世界就会

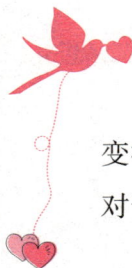

变得更加广阔，你的内心也会越来越强大。任何一个痛苦的"分子"，相对于你广阔的人生"分母"来说，都会显得微不足道。

如果被感情伤害，你可以去拥抱朋友；如果被工作伤害，你可以去拥抱小猫；如果被生活琐事伤害，你可以去拥抱大自然。世界如此之大，值得你去探索的美好事物如此之多，为什么要把自己困在一个小小的角落里呢？

如何稀释痛苦
- 拥抱不同的事物来分散注意力
- 在大自然中释怀，继续前行
- 拓展边界，提升人生境界
- 放大格局，换个角度看世界

释 怀

她曾以为，他会是自己一生的羁绊。他们在青春岁月里相遇，他们一同经过了许多美好时光，那些甜蜜与苦涩交织的过往，如同藤蔓般缠绕在她心间。即便分开了，他的身影还是会常常在她的脑海中浮现，那些回忆时不时地刺痛着她。

为了散心，她独自来到了桂林。清晨，她乘着一艘小船，沿着漓江前行。江面上弥漫着一层薄薄的雾气，如梦似幻。小船在江面上缓缓划动，周围的一切都显得那么静谧。渐渐地，太阳从山后探出了头，柔和的光线开始穿透雾气。

在这壮丽的景色面前，她的心像是被什么击中了。她知道，自己可能无法一下子将他从记忆里彻底抹去，但在这广袤无垠的大自然面前，在这更宏大的世界里，曾经那份沉甸甸的眷恋仿佛一下子变轻。他也不再像之前那样占据她整个心灵，他已经变得没有那么重要了。她微微地笑了，笑容中带着释然，继续欣赏着眼前的美景。

原来，世界这么大……我该放下了。

　　拓展生活的边界不仅是为了稀释痛苦，也是为了提升你的人生境界。当你经历了更多、见识了更多时，你的眼界会变得更加开阔，你的思维会更加灵活，你的内心也会更加丰富。你会发现，人生的意义不仅在于爱情、家庭或事业，还有更多值得自己去追求的东西。

拓展边界：提升人生境界

　　"人倾向于认为随着时间的流逝，痛苦就会消失，其实是我们在悲痛中成长了。"痛苦本身并不会消失，只是我们成长了，内心变得更加强大了，强大到足以承受这份痛苦。我们不再被痛苦所困扰，是因为我们拥有了更广阔的世界、更高远的格局、更开阔的视野。

高阶女人：精神的富足

　　对于女人来说，高阶的人生不仅是物质上的富足，还是精神上的充盈。它意味着你拥有独立的人格，拥有自己的思想，拥有自己的追求，不被外界的声音左右。它意味着你拥有丰富的内心世界，可以从容地应对人生中的各种挑战。它意味着你可以掌控自己的人生，活出自己想要的样子。

所以，从现在开始，去拓展你的生活边界吧！当你拥有了更广阔的世界，你的内心就会变得更加强大，你的视野就会变得更加开阔，你的格局就会变得更加高远。你将不再被眼前的困境所困扰，你将会用更强大的力量去面对人生的挑战。

放大格局：换个角度看世界

当我们遇到挫折，感觉快要撑不下去的时候，可以试着换个角度，从第三人称来看，把视角拉大，拉大到整个地球，甚至是银河系、宇宙那么大，你就会发现，好多事其实也没那么重要。

女性 成长小建议

从现在开始，每当你遇到过不去的坎儿时，换个角度想想，世界那么大，还有好多人和事值得关注，为什么要被眼前的事束缚呢……想想未来还有无数种可能，当下的烦恼就会慢慢消散。

你以为的遗憾，
其实有可能让你躲过了一劫

在人生的道路上，我们常常会为错过的风景而叹息，会为失去的机会而懊悔。那些曾经求而不得的人，那些曾经失之交臂的事，在时间的长河里，会慢慢发酵成名为"遗憾"的苦涩。我们一遍遍回放当时的场景，一遍遍设想：如果当初做了不同的选择，那么如今的人生会不会更加圆满？

命运的温柔伪装

岁月会告诉我们：许多我们以为的遗憾，其实就是命运的温柔伪装。它以我们当时无法理解的方式保护着我们，引领我们走向更美好的未来。

也许你曾与梦想中的高薪工作失之交臂，当时的你沮丧不已，觉得是因为自己能力不足。后来，你进入了一家小公司，虽然薪水不高，却拥有了更融洽的工作氛围和更多的学习机会。几年后，你成为公司的骨干，当初那家让你心心念念的大公司却因为经营不善倒闭了。

或许，你曾为一段友情的破裂而感到难过。曾经无话不谈的闺密，因为一些误会渐行渐远。你一遍一遍回忆过去的快乐时光，却无法挽回这段友情。但后来你发现，这位朋友或许对你有一些负面影响，她的抱怨、她

的依赖让你身心俱疲。

又或许，她有些行为其实是在利用你的善良。这时候你会明白，虽然这段友情的结束会让你很难过，但是也让你摆脱了一种负面的关系，让你有更多的精力去寻找那些真正能带给你正能量的朋友。

失去友情，或许是摆脱了负累

刘薇最近常常感到心力交瘁，因为工作上的压力已经让她喘不过来气，好朋友赵琳的各种求助更是让她不堪重负。"薇薇，你能帮我看一看这份简历吗？我下周要去面试。"赵琳又发来信息。

刘薇叹了口气，放下手头的工作，开始帮赵琳修改简历。这已经不是刘薇第一次帮助赵琳了，从找工作、搬家到做便当，赵琳几乎把刘薇当成了免费的保姆和人生顾问。刘薇不是不愿意帮忙，但这种无休止的索取让她感到疲惫不堪，更让她怀疑这段友情的本质。

自从赵琳交了男朋友，刘薇就明显感觉到她对自己的态度冷淡了许多。以前，她们几乎每天都会联系，现在除非有事要她帮忙，否则赵琳很少主动联系刘薇。刘薇心里明白，赵琳把她当成了一个便捷的工具，一旦有了替代品，她就会毫不犹豫地把自己丢弃。

这种被利用的感觉让刘薇非常难过，她甚至开始怀疑自己，是不是自己不够好，所以才会被这样对待。她一度陷入自我怀疑和抑郁的情绪中，这种情绪甚至影响到了她的工作和生活。

刘薇开始反思这段友情，意识到赵琳的离开或许并非坏事。她不再为了取悦别人而委屈自己，也不用承担不属于自己的责任。

没有了赵琳的负担，刘薇的生活变得轻松了许多。她开始专注于自己的工作和生活，培养自己的兴趣爱好，也结识了一些志同道合的朋友。她们互相扶持，互相鼓励，带给刘薇满满的正能量。

几个月后，刘薇从赵琳的其他朋友那里得知，赵琳借了一大笔钱后就消失了。听到这个消息，刘薇并没有幸灾乐祸，反而感到一阵唏嘘。

不是失去，而是解脱

你或许会因为错过一个曾经让你心动的投资机会而感到遗憾。然而，出于谨慎或其他原因，你最终没有投入资金。多年以后，你发现那个项目其实就是一个骗局。那一刻你才明白，所谓的遗憾，其实是命运在暗中保护你，避免你遭受更大的损失。

人生就是这样，充满了不确定性。我们无法预知未来，也无法保证每个选择都完美无缺。想要成为高手段、高品位的女人，我们更应该拥有通透的视野和豁达的心胸。与其纠结于过去的遗憾，不如珍惜当下、活在当下。

新的开始

很多时候，我们看到的只是眼前的得失，却看不到未来的走向。我们执着于"求不得""已失去"，却忽略了我们已经拥有的以及未来可能获得的。

高阶女人懂得，人生的道路并非只有一条，错过并不意味着失去，而是意味着新的开始。

所以，当我们遇到那些让我们觉得遗憾的事情时，不要沉浸在悲伤和痛苦里。这或许是命运的安排，它在用一种我们当时无法理解的方式保护我们。

每一次的经历，无论好与坏，都是我们人生中不可或缺的一部分。那些所谓的遗憾，可能正是命运馈赠给我们的礼物，让我们在未来的路上走得更稳、更远。当你坦然接受过去，才能真正拥抱未来；当你不再执着于"本该如此"，才能真正活在当下。

	珍惜当下，活在当下
高阶女人的视野与心胸	错过意味着新的开始
	换个角度看待"失去"
	坦然接受过去，拥抱未来
	不执着于"本该如此"

换个角度看待"失去"

我们不妨试着换个角度去看待那些曾经的"失去"，你会发现，它们并非生命中的缺憾，而是我们成长路上的馈赠。它们教会你如何辨别真伪，如何选择适合自己的道路，如何更加从容地面对人生。

生活就像一场充满惊喜和挑战的冒险，在这场冒险中，我们会遇到各种各样的人和事。有时候，我们以为自己错过了宝藏，但真正的宝藏可能就在下一个路口等着我们。所以，不要让那些所谓的遗憾阻挡我们前进的脚步，要带着微笑和希望，继续勇敢地走下去！因为你永远不知道，命运为你准备的下一个礼物是什么，也许它比你想象的还要美好。

女 性 成长小建议

　　你以为失去的，其实是上天在替你筛选：你以为错过的，其实是命运在为你"避雷"。当你放下那些所谓的遗憾时，你会发现，人生其实充满了无限的可能。那些你以为错过的遗憾，说不定会在以后的某个时候，换一种方式回到你身边。

活得具体一点儿，少想未来和意义

你是不是经常对着镜子里的自己叹气，一边敷着面膜，一边焦虑着未来？升职加薪、结婚生子、买房买车……这些人生大事像跑马灯一样在脑子里转悠，搞得我们心烦意乱。未来就像一颗颗裹着糖衣的毒药，诱惑着我们不停地向前去追逐，却忘了品尝眼前的甜蜜。

把活在当下挂在嘴边很容易，但真正做到却很难。我们像陀螺一样不停地旋转，被工作、家庭、人际关系裹挟着向前冲，哪里还有时间停下来感受生活的美好？

你会发现，很多高阶女人的身上都散发着一种从容淡定的气质，仿佛任何事情都无法扰乱她们内心的平静。她们活得清醒而通透，她们知道人生的意义不在于结果，而在于享受过程。她们不会为了追逐虚无缥缈的未来而牺牲当下的快乐，她们懂得珍惜眼前的每一分、每一秒。

活得具体才能活得高级

你有没有发现，我们的大脑就像一个永不停歇的播放器，总是在回放过去的遗憾，或者在预演未来的种种可能性。我们幻想穿上心仪的裙子惊艳全场，幻想财务自由后各种买买买的快感……这些美好的画面让我们沉溺其中，无法自拔。

我们要学会清空大脑里的垃圾信息。那些无谓的担忧、负面的情绪、对过去的悔恨、对未来的恐惧，都是消耗我们能量的"垃圾"。我们要像

定期清理衣柜一样，及时清理大脑里的垃圾信息，给心灵腾出空间，才能容纳更多美好的事物。

不要过度幻想未来

人生并没有终极意义，真正的高级是把生活中的每一天都过得踏实，从容地享受当下的每一刻。与其苦苦追寻未来的海市蜃楼，不如用心经营眼前的每一寸光阴。

过度幻想未来，就像提前透支了快乐的额度，反而会削弱我们为之努力的动力。例如，你渴望拥有完美的身材，却总是沉迷于瘦下来以后的美好幻想，最终只是安慰了自己。

人生的意义在于过程

苏瑶是个普通的上班族，每天都在忙碌与焦虑中度过。她总是一边匆忙地化妆准备上班，一边在脑海里想着未来的事：什么时候能升职？什么时候能攒够钱买房？这些念头像紧箍咒一样缠着她，让她眉头紧皱。

有一次公司团建，大家都在开心地玩耍，苏瑶却心不在焉，还在担忧工作上的一个项目。这时，她看到了部门主管林姐。林姐穿着简单的白衬衫牛仔裤，和同事聊天儿、玩游戏，脸上那种从容让苏瑶很是羡慕。

回到家后，苏瑶决定改变自己。吃早餐时，她不再是匆匆几口，而是认真品尝面包的麦香、牛奶的醇厚；下班后，她不再马上陷入对明天工作的焦虑，而是先泡个舒服的澡，感受热水轻抚肌肤的温暖。

苏瑶还把健身计划分成一个个小步骤，当感到工作压力大、情绪烦躁时，她就看看窗外的绿树和飞鸟，做几次深呼吸。每天睡前，她会在本子上写下当天遇到的美好小事，比如同事分享的小零食、路边新开的花朵。

慢慢地，苏瑶发现自己不再那么焦虑了，脸上的笑容也多了起来。她已经开始真正享受生活的每一刻，整个人都焕发出不一样的光彩。

今天感觉神清气爽，心情真好。

活在当下才是真正的高手段

只有专注于此时此刻，我们才能真正感受到生活的质感。那么，如何才能活得更高级、更专注于当下呢？

我们常常被繁杂的思绪裹挟，却忘记了感受生活的美好。试着将注意力集中在你的感官上，用心去体会眼前的每一刻，比如呼吸新鲜空气、享用美食、泡澡……这些看似微不足道的小事，却能让我们重新连接当下，感受到生活的美好。

将生活原子化，化解焦虑

面对繁重的工作和生活压力，我们常常感到不知所措，不知从何下手。这时，不妨将生活原子化，把大目标拆解成一个个容易的、可执行的小目标。

比如，你想养成运动的习惯，与其一开始就挑战高强度的训练，不如先从每天散步 20 分钟开始。即使是简单的整理桌面、打扫房间，也能让我们在完成小目标的过程中获得成就感，从而提升生活掌控感，减少焦虑。

管理情绪，做自己情绪的主人

负面情绪就像一个巨大的黑洞，会吞噬我们的能量，让我们无法专注于当下。学会情绪管理是活在当下的关键。当你感到焦虑或烦躁时，试着深呼吸，或者将注意力转移到其他的外部环境中。

观察周围的人和事，感受大自然的宁静，或者听一首舒缓的音乐，都能帮助我们平复情绪。你也可以将自己当成最好的朋友，给自己鼓励和支持，做情绪的主人。记住，每个人都会有情绪低落的时候，只有接纳自己的情绪，才能更好地管理情绪。

记录美好，放大幸福感

我们可以在每天晚上睡觉前，花几分钟记录下当天发生的让自己感到开心或感动的事情，哪怕只是一件小事。比如，买了一个喜欢的小物件，看到了一只可爱的小猫，或者收到了朋友的礼物……这些看似微不足道的小事，却能慢慢积攒成巨大的幸福能量，让我们更加珍惜当下的生活。

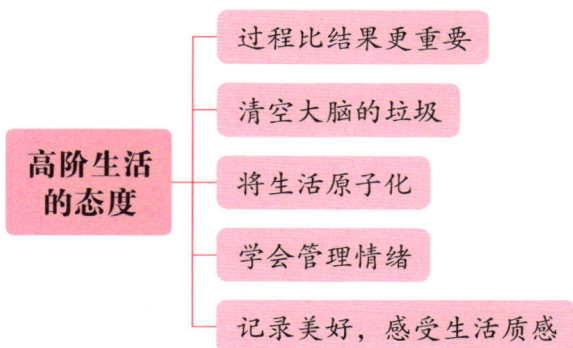

高阶生活的态度
- 过程比结果更重要
- 清空大脑的垃圾
- 将生活原子化
- 学会管理情绪
- 记录美好，感受生活质感

　　试着把那些美好的瞬间记录下来，时不时翻出来看看。你会意识到，生活中到处都有让人眼前一亮的时刻，可能是一个路人的微笑，也可能是早晨阳光洒在脸上的感觉。在记录的过程中，我们会慢慢学会留意那些美好的东西，心情也会变得更好。这种幸福感会影响我们周围的人和事，让我们的世界变得更加温暖。

女 性 成长小建议

　　真正的高手段不是拥有多少财富和名利，而是拥有享受当下的能力。从现在开始，请你放下对未来的焦虑，放下对过去的执念，专注于眼前的一切，用心去感受生活的每一个细节。别再让未来偷走你的现在，活得更具体、更高级！

你的焦虑可能只是虚惊一场

每个人都在为生活奔波，为梦想奋斗。作为一名女人，我们常常背负着更多来自社会、家庭的期待，更容易陷入焦虑的旋涡中。这种焦虑有时来自外界的压力，有时源于内心的自我要求。亲爱的你，请静下心来想一想，你的焦虑或许只是虚惊一场。作为一名高阶女人，我们更需要掌握一些有效的手段，摆脱焦虑的束缚，活出自在人生。

告别预支式焦虑，活在当下

我们常常为那些尚未到来的事情而忧心忡忡，仿佛那些未知的挑战和困难已经成了现实，压得我们喘不过气来。比如担心项目进展不顺利，害怕错过晋升机会，担忧无法平衡事业与家庭……

很多时候这些担忧都源于我们对未来的主观臆测，而非客观事实。就像提前支付的账单，预支了本不属于今天的烦恼，徒增心理负担。高阶女人需要具备清晰的认知，不被情绪裹挟。与其为那些可能永远不会发生的风雨而忧虑，不如专注于走好脚下的路。

我们要时常问问自己：今天能做些什么来提升自己？能做些什么来更好地解决当下的问题？只有将焦点放在当下，才能将精力集中在真正重要的事情上，而不是被焦虑的情绪吞噬。

不要提前焦虑

赵子涵是公司里一个普通的文员，每天的工作就是接打电话、收发邮件、整理文件等，琐碎又重复。虽然工作不算辛苦，但她总是感到焦虑。

最近，公司准备进行部门调整，赵子涵所在的行政部也在调整之列。各种小道消息迅速在公司里流传，有人说行政部要裁员，有人说要合并到其他部门，还有人说部门经理要换人。这些消息让赵子涵的心一直悬着，她不仅担心自己会被裁掉，也担心调整后工作内容会发生变化，自己无法适应。

赵子涵开始胡思乱想，晚上经常失眠。她想象着自己被裁员后的窘境：找不到工作，交不起房租，被父母责备……这种对未来的担忧像一座大山一样压得她喘不过气。她开始变得敏感多疑，就连同事之间正常的交流，在她看来都像是针对自己的暗示。

为了保住这份工作，赵子涵开始拼命加班。她每天第一个到公司，

最后一个离开，希望能用勤奋来证明自己的价值。她主动承担了更多的工作，即使是其他同事的分内工作，她也抢着去做。她希望通过这种方式让领导看到自己的努力和付出，从而在部门调整中保住自己的位置。

她每天在公司都处于一种高度紧张的状态，工作效率也不断下降。她开始频繁出错，甚至还弄丢了重要的文件，这让她更加焦虑和不安。部门调整最终还是来了，但赵子涵所在的行政部并没有被裁撤，而是进行了一些人员的优化和岗位的调整，一切都是她瞎担心。

与过去和解，轻装前行

除了对未来的担忧，过去的一些经历也可能成为我们焦虑的源头。那些曾经的遗憾和过去像一个个沉重的锚点，阻碍我们前行。我们反复咀嚼那些不愉快的经历，试图找到改变的机会，但结果往往只是徒劳无功。

高阶女人需要具备强大的内心，懂得放下过去，与自己和解。过去的事情已经发生，无法改变。与其在无法改变的事情上内耗自己，不如学会放下，接受现实。只有接受过去，吸取经验教训，才能轻装上阵，迎接未来的挑战。

拥抱不完美，接纳真实的自我

我们常常苛求自己，希望自己能够完美无缺，在各个方面都表现出色。但事实上，完美只是一种理想状态，在现实生活中并不存在绝对完美的人或事。过度的自我苛求只会加剧焦虑，甚至让我们陷入自我否定的怪圈。高阶女人需要拥有自信和底气，允许自己犯错，允许自己偶尔的放纵和失败，才能与自己和解，找到内心的平静和力量。

保持平常心

当事情没有按照我们的预期发展时，焦虑和不安的情绪就会随之而来。有时，我们可能会遇到挫折和困难，感到无助和绝望；但有时，我们也会收获惊喜和幸福，感受到生命的温暖和美好。这些事情都不是我们能控制的，因此，我们不应因事情未按预期发展而感到焦虑和不安，也不必过分担忧。

生活就是这样，既有低谷也有高峰，既有痛苦也有欢乐。只有当我们学会接受生活的全部，包括接受那些不如意的部分时，我们才能真正感受到生命的真谛和价值。

高阶女人需要具备从容应对变化的能力，保持一颗平常心。接受现实，不执着于结果，才能在面对挑战时更加从容不迫。无论遇到什么困难，都要相信自己有能力去应对和克服。生活从不会像你想象的那么好，但也绝不会像你想象的那么糟。

找到松弛感，享受成长的过程

我们常常会感到紧张和焦虑，担心自己的努力是否，担心结果是否如我们所愿。这种过度的紧张和焦虑往往会适得其反，让我们无法集中精力去感受过程的美好。

高阶女人如何应对焦虑
- 理解焦虑的本质，告别预支式焦虑
- 放下过去的遗憾，将其转化为成长动力
- 接纳真实的自我，允许犯错，接受失败
- 保持平常心，不执着于结果
- 享受成长的过程，关注过程而非结果

高阶女人要懂得在忙碌的生活中找到松弛感，享受成长的过程。将注意力放在自身的提升和精进上，而不是被结果所束缚。当我们不再过分关注结果时，反而更容易取得成功。

行动是治愈焦虑的良药

我们99%的焦虑都来自虚度光阴、没有在正确的方向上好好做事，以及想同时做很多事又想立即看到效果。与其被焦虑困扰，不如将它转化为前进的动力。

高阶女人需要具备积极主动的行动力，把那些焦虑的事转变成让自己成长的能量。我们应该多读书、多思考、多动手，让自己越来越强大，看世界的眼光也越来越长远。在行动中，我们不仅能获得成就感，还能逐渐摆脱焦虑的困扰。

女 性 成长小建议

焦虑并不可怕，它只是我们成长过程中的一种情绪体验。亲爱的你，请相信，你的焦虑只是成长路上的虚惊一场。掌握有效的手段并积极地应对它，你就能摆脱焦虑的束缚，活出更加精彩的自己。

顺势而为，一切都是最好的安排

你是否曾执着于某个目标，为此费尽心力却事与愿违？你是否曾被现状困住，焦虑不安，不知路在何方？在我们的人生中，这些困境经常让我们束手束脚，不敢大胆尝试。人生的道路并非一帆风顺，而是充满了未知和变数。与其苦苦挣扎、逆流而上，不如顺势而为。

高阶女人并非无所不能，她们也经历过迷茫、彷徨，甚至失败。她们绝非冷漠无情，而是拥有更通透的人生智慧：人生漫长，道路千万条，失败又如何？大不了重新再来！这种洒脱的底气源于她们内心的笃定和自信：总有信心渡过难关，只要永不放弃，即使两手空空，也会拥有无限可能。

经营滋养你的关系

在生活中，有些人与我们志同道合，共同成长；有些人却在消耗我们的能量，阻碍我们前进的步伐。对于前者，我们自然应该珍惜；对于后者，我们需要懂得及时止损，优雅转身。

当朋友之间的情谊不再纯粹，当彼此的价值观渐行渐远，我们应坦然接受分道扬镳。勉强维持的关系只会让自己身心俱疲，真正的朋友是锦上添花，而不是雪上加霜。将自己更多的时间和精力投入值得的人身上，去经营那些真正滋养自己的关系。

远离痛苦的源头

在现实生活中，并非所有家庭都能给予我们温暖和爱。有些家人的行为可能会给我们带来深深的伤害，甚至成为我们人生的阴影。高阶女人拥有重新审视亲情关系的勇气，若是这段关系已经成了负担，失去又何妨？远离那些带给自己痛苦的家人。这并非冷血，而是一种自我救赎。

在职场上，内心强大的女人有着不一样的视角。她们将工作视为人生的一部分，而不是全部。她们清楚地知道自己的价值，明白自己的能力所在。如果面临失业，她们不会陷入绝望，而是把失业看作新的开始，一个重新审视自己职业规划的机会。也许是一个转行的契机，也许是一个提升自己、寻找更合适岗位的机会。

挣脱枷锁的晓妍

晓妍出生在一个传统观念很强的家庭，父母对她要求严格，凡事都要遵从他们的意愿。长期的压抑让晓妍性格有些自卑，在人际关系中也总是小心翼翼的。

工作后，晓妍在公司里有个看似亲密的朋友小美。可小美总是有意无意地贬低她，还时常把自己的工作推给晓妍，每当晓妍想要拒绝时，小美就会用多年的感情来道德绑架她。当晓妍在公司努力争取晋升机会时，有同事嫉妒她，还在背后指责她，这让她陷入了深深的自我怀疑。一次，公司有个重要项目，原本领导承诺给晓妍机会，但最后却把机会给了别人。

在感情上，晓妍的男友也开始对她挑三拣四，经常因为一点儿小事就和她翻脸，这让晓妍痛苦不堪。晓妍觉得自己的世界彻底崩塌了，似乎一切都在与她作对。

然而，一次生病的经历让晓妍开始反思。她意识到不能再这样被他人操纵。于是，她毅然与男友分手，和小美保持距离，也不再理会同事的闲言碎语。她开始把精力都放在提升自己上，后来跳槽到新公司，开启了新的生活。

人生无常，世事难料，我们无法掌控一切，包括身边的人。与其患得患失，不如珍惜当下、活在当下。面对一段让你痛苦不堪的关系，一份让你身心俱疲的工作，都应该果断放手。不要恐惧生活中的变化，一切都是最好的安排，你将获得的是更广阔的天地、更美好的未来。

反抗PUA：拒绝内耗

很多时候，我们被 PUA 惯了，习惯了委曲求全，就是为了让生活安稳一些，但是常常事与愿违，我们必须认清这一点，才能从泥潭中挣脱出来，活出真实的自我。

那些拿捏操纵你的人，他们占尽你的便宜，却永远嫌你做得不够。你越是委曲求全，他们越是得寸进尺。所以，你要做的就是勇敢地说"不"，勇敢地反抗，勇敢地离开。我们不能让这种情况继续下去，也不能让自己的人生在这种内耗中度过。

人生短短几十年，别把时间花在跟自己较劲上。很多人到了三四十岁才恍然大悟，但那时候最宝贵的青春已经逝去了。别担心别人说你什么，别担心被道德绑架，别担心别人看不起你，你只需要多想想自己，多疼爱自己一些。

没有什么比你自己更重要。当你把自己的感受放在第一位时，你会发现，失去并没有那么可怕。相反，你会更加轻松，更加快乐。真正的强大不是拥有多少，而是不害怕失去。当拥有了这种心态，你就能坦然面对人生的风风雨雨，活出无畏的自己。

如何对待变化和未来	离开错的人／工作，相信自己会遇见更好的
	勇敢反抗操纵与内耗
	多为自己考虑，爱自己

高阶女人的翻盘艺术

在选择伴侣时，我们要擦亮双眼，选择真正爱你、尊重你的人；在选择工作时，我们要根据自己的兴趣爱好和能力，选择适合自己的就业方向；在面对机会时，我们要认真评估，谨慎选择。

同时，我们也要不断提升自己的能力，让自己变得更加强大、更加有底气。只有这样，才能在失败的时候有重新开始的勇气。

高阶女人的翻盘艺术，不是简单的不怕失败，而是有能力体验和接受失败。她们懂得如何选择，如何经营，如何提升自己，从而拥有了掌控人生的主动权。

她们不会被失败的恐惧所束缚，而是将每一次的失败都视为一次成长的机会、一次蜕变的契机。她们会在失败中不断学习，不断成长，最终活出更加精彩的人生。

接受失败，拥抱成长

亲爱的朋友们，请记住，当你拥有了认知、视野以及尊重他人的能力，就能坦然面对一切挑战，活出无畏的自己。

那些曾让我们觉得熬不过去的至暗时刻终会过去。当我们回首往事时，会发现它们不过是乌云蔽日般的短暂黑暗。在那一刻，我们可能会觉得眼前一片漆黑，但不要停下脚步，只有穿越这片黑暗，我们才能迎来光明。

女性成长小建议

一切都是最好的安排，有时候我们无须过度抗拒命运的推动，而是要顺着命运指引的方向走下去。所有事情但凡临门一脚，都是老天爷给你的最后机会！拥有不怕失去的勇气，拥有逆风翻盘的自信，你就是自己人生中的女王！

第三章

修炼好人缘，
做高段位的"社交女王"

修炼高段位人生，需要我们拥有真诚待人的心，将宝贵的时间留给值得的人，并尊重他人的人生选择。不要执着于分析他人的行为，更不要轻易替别人做决定。要明白，并非所有的人际交往都对自己有深刻的意义，坦然面对人来人往才是拥有好人缘的关键。

修炼高段位人生，不要担心失去

你是否曾小心翼翼地维护着一段感情，患得患失，生怕一不小心就失去他？你是否曾在工作中畏首畏尾，害怕犯错，担心失去晋升的机会？你是否总是在意别人的眼光，活得不像真实的自己？

不要害怕任何关系的破裂

在人生的旅途中，有些关系会给我们带来温暖和快乐，有些关系则给我们带来痛苦和伤害。然而，无论这些关系如何，它们都只是我们生命旅程中的一部分。我们无法预知谁会陪伴我们走多远，但我们可以掌握自己的心态。不要畏惧任何关系的破裂，这是人际交往中一个至关重要的心态，它能让你活得更加自在。

拥有不怕失去的心态

一个真正高段位的女人，她的内心一定是强大的，强大的内核之一就是不怕失去。这并不是让你变得冷漠无情，而是让你拥有掌控自己人生的底气。当你不再害怕失去的时候，你才能真正地活出自我，吸引真正适合你的人和事。

当然，拥有不怕失去的心态并不意味着让我们鲁莽行事，或者对一切都不在乎。相反，它需要我们更加谨慎地选择，更加努力地经营。

从忍气吞声到华丽转身

林悦曾在一家知名公司担任重要职位，与同事相处融洽，一切看起来都那么完美。但来了个新领导后，一切都变了。这位新领导专横跋扈，总是找林悦的麻烦，还把她辛辛苦苦做的项目给了别人，这让林悦心里非常委屈。但是林悦又不想辞职，她担心自己这么多年的努力白费，更担心对不起自己一直以来的辛勤付出。

林悦的忍气吞声换来的却是新领导变本加厉的打压。林悦便开始反思：难道自己的人生就要这样被他人操控？难道自己要一直活在失去的恐惧中？不！她要改变！

她开始积极地寻找新的就业机会，认真地修改简历，自信地参加每一次面试。她意外地发现，离开熟悉的环境反而让她更清楚地认识到自己的价值和潜力。她不再是那个畏畏缩缩的小职员，而是一个充满自信和力量的职场女人。

当林悦向公司递交辞职信时，内心是前所未有的平静和坚定。她不再害怕失去，因为她知道自己值得拥有更好的。在新公司，她的能力得到了充分的发挥。她的领导很欣赏她，她与同事们也很合得来，这让她产生了前所未有的成就感。

林悦的故事告诉我们，与其害怕失去，不如主动去争取。这才是女人高阶人生的正确打开方式。我们华丽转身的背后是勇气，是智慧，更是对自身价值的笃定。

害怕失去

当你把所有精力都放在害怕失去上，你便失去了享受当下的能力。你会变得焦虑、敏感、多疑，最终迷失自我。只要你放下这种恐惧，就可以将能量集中在自己身上，努力提升自己，去创造更美好的未来。

有些关系，即使你再怎么努力，也无法改变它的结局。与其苦苦纠缠，不如大胆放手，给自己一个重新开始的机会。失去一段不合适的感情或许会让你伤心难过，但也会让你更加清楚自己想要什么，才能遇到那个真正对的人。失去一份不适合的工作或许会让你感到迷茫，但也会让你有机会去寻找更适合自己的平台，去实现更大的价值。

你值得拥有更好的人生

你拥有的不仅是一段感情、一份工作，更是别人的认可。你还有你的家人、你的朋友、你的才华、你的梦想，这些都是你人生中宝贵的财富，它

不要害怕任何关系的破裂
- 消耗能量 —— 患得患失影响个人成长
- 失去可能是件好事 —— 为更好的机会腾出空间
- 你拥有的比想象中多 —— 重视内在价值与外部支持

们并不会轻易地失去。当你把目光从失去转移到拥有上，你会发现，你其实拥有很多。人最有魅力的时候，就是对周围的人和事淡然处之的时候。

如何修炼不怕失去的心态?

提升自我价值：当你足够优秀、足够自信的时候，你自然就不会害怕失去。专注于提升自己的能力，培养自己的兴趣爱好，让自己变得越来越好。当你拥有闪闪发光的魅力时，你自然会吸引优秀的人和事。

掌握关系的主动权：不要把自己的幸福寄托在任何人身上，要学会自我圆满。你可以主动去追求，但也要有随时离开的勇气。不要为了取悦别人而委屈自己，要活出自己的精彩。

专注于当下：不要沉溺于过去的伤痛，也不要过度担忧未来。要活在当下，珍惜眼前人，做好眼前事。只有当你专注于当下的时候，才能感受到生活的乐趣，才能创造更多的美好。

不要盲目跟风：要有自己的判断力，学会独立思考，有自己的主见。不要被别人的言论左右，要活出自己的态度。

你无须害怕失去，因为你拥有无限的可能，也值得拥有更好的人生。放下恐惧，勇敢前行，去创造属于你的精彩人生！前方风景独好，请你大胆地往前走，因为你值得拥有这一切！

女性 *成长小建议*

不怕失去是一种高阶的人生智慧，也是一种强大的力量。它并非让你真的失去一切，而是让你拥有坦然面对得失的心态。只有当你不再患得患失时，才能活出真实的自我。

真诚是最高级的社交技巧

在充斥着各种套路和技巧的社交场会中，我们常常被教导要八面玲珑、左右逢源。然而，有一种品质比任何技巧都更具力量，那就是真诚。它是一种经过历练后的通透，是高阶女人的处世哲学，是她们在人际交往中的最高级手段，也是她们独特品质的体现。

了解自己和他人的边界

真诚并非不谙世事的天真烂漫，也不是毫无保留的掏心掏肺。它是一种发自内心的尊重，是对他人和自己的坦诚，是一种在任何情况下都不违背本心的坚定。这需要我们建立在深刻的自我认知之上，既要知道自己的边界，也要尊重他人的边界。

真诚是发自内心的真实和坦率，不矫揉造作、不虚伪做作。它是一种强大的能量，能够穿透人心的壁垒，建立起人与人之间真正的连接。对于懂交际善博弈的高阶女人而言，真诚是一种自信的姿态，也是一种对自身价值的笃定。她们无须刻意讨好，无须伪装迎合，因为她们相信，真正的魅力源于内在的真实。

保持真诚的同时也不要委屈自己

保持真诚并不意味着毫无保留地坦白一切，它是在适当的时候，用真诚的态度去对待值得的人。它需要我们用心去感受、去判断、去选择。对于那些不值得付出真心的人，我们不必强行挽留，更不必委屈自己。

高阶女人的真诚体现在她们的言行举止之中。她们不会为了取悦别人而去说违心的话，她们始终表里如一，给人一种可靠和值得信赖的感觉。这种真诚不仅能赢得他人的尊重，更能建立起良好的人际关系。

真诚可以建立更好的人际关系

在人生的道路上，保持真诚意味着忠于自己的内心，明确自己的目标和价值观，并为之不懈努力。只有对自己保持真诚，才能活得更加真实和自在，才能散发出由内而外的自信和魅力。

在职场上，真诚的女人更容易获得同事和领导的信任。她们不会为了争名夺利而钩心斗角，而是全心专注于自身的工作，用实力来证明自己的价值。她们坦诚地表达自己的想法，积极地与同事互助合作。这种真诚的工作态度不仅能提升工作效率，更能营造和谐的团队氛围。

在生活中，真诚的女人更容易拥有真挚的友谊。她们不会为了维持表面的和谐而虚与委蛇，而是用真心去对待每个朋友，分享彼此的喜怒哀乐。她们会在朋友需要帮助的时候伸出援手，会在朋友迷茫的时候给予充分的鼓励和支持。

真诚并不是博弈中的弱点

在博弈中，真诚或许会被人视为一种弱点，一种容易被利用的缺陷。然而，真正的真诚并非毫无城府的单纯，而是一种大智若愚的智慧。它能够洞察人心，明辨是非，在复杂的局面中保持清醒的头脑和冷静的判断能力。以真诚的态度去面对竞争，既能赢得他人的尊重和信任，又能在博弈中立于不败之地。

	反思和提升自己
如何保持真诚	完善品格和修养
	保护自己，避免被人利用
	寻找值得你付出的人

继续保持你的真诚

小昭和小雯是无话不谈的闺密。小雯失业在家，小昭得知自己所在的公司正在招聘，便积极地把小雯推荐给了自己的主管。小昭在公司里表现十分出色，业绩一直遥遥领先，主管很欣赏她。主管对小雯的印象也很好，面试非常顺利，小雯很快就入职了。

小雯刚进公司时，对小昭非常感激，经常请她吃饭，表达自己的谢意。小昭也真心为小雯感到高兴，尽力帮助她熟悉工作，解答她的疑问，两人常常一起吃午餐，分享工作心得。

然而，随着时间的推移，小雯对小昭的态度逐渐发生了变化。她开始有意无意地贬低小昭的工作，在主管面前暗示小昭的能力不足，甚至把小昭的创意窃为己有，向上级邀功。

在一次重要的项目竞标中，小昭和小雯共同负责方案的制订。小昭熬夜加班，构想出了一个非常有创意的方案，没想到小雯却偷偷地把这个方案以自己的名义提交给了主管，小雯也因此得到了升职加薪的机会。小昭却被主管批评，说她工作不够积极主动，小昭因此错失了晋升的机会。

小昭这时才恍然大悟，自己的一片好心换来的却是闺密的背叛。她很失望，但她没有选择与小雯争吵，而是默默地接受了这一切，并开始重新审视这段友情。

最终，小昭凭借自己的实力，跳槽到了一家更好的公司，获得了更大的发展空间。小雯虽然得到了暂时的利益，却失去了一个真正的朋友，也失去了同事们的信任，最终在公司里举步维艰。

如果被辜负，请快速买单离场

在保持真诚的同时也要学会保护自己。因为有些人会欣赏你的真诚，有些人则会利用你的真诚。但是，如果你的真诚被辜负，甚至被欺骗，不必因此而否定自己，更不必因此而放弃真诚。你只需优雅地转身离开，去寻找那些真正值得你付出真心的人。你的真诚终将为你的人生带来丰厚的回报。

保持真诚，需要我们不断地反思和提升自己，在人生的历练中不断完善自己的品格和修养。它不仅能够提升我们的社交技巧，更能够塑造我们的人格魅力。它会让你散发出一种独特的魅力，吸引更多志同道合的朋友，获得更多的人生机遇。它会让你成为一个更好的人，一个更值得被爱的人。

快速买单离场并不是懦弱，而是一种高级的自我保护手段。它彰显着你对自身价值的笃定，对未来的美好期许。这不仅是一种智慧的止损，更是对自身情感和精力的珍视。

女 性 成长小建议

请保持你的真诚，用真心去拥抱这个世界。因为真诚是最高级的社交技巧，更是通往高阶人生的最佳路径。它是一种长久的投资，一种稳赚不亏的买卖。当你用真诚去拥抱这个世界时，世界同样也会用真诚回报你。

拒绝无效社交，把时间留给值得的人

无效社交可能是敷衍的聚会，是无意义的闲聊，是迫于人情而不得不去的应酬。这些社交活动不仅占用我们的宝贵时间，还可能消耗我们的情绪，让我们感到疲惫和空虚。与其在无效社交中消耗精力，不如学会直接拒绝，把宝贵的时间留给真正值得的人和事，提升自己的生活品质。

不要陷入无效社交的困境

小陈是一家互联网公司的项目经理，每天都非常忙碌。到了周末，她还要应付各种各样的社交活动，比如部门聚餐、同事生日、朋友婚礼……几乎每个周末都被安排得满满当当。很多时候，她明明已经疲惫不堪，却还要强打精神去参加这些社交活动。

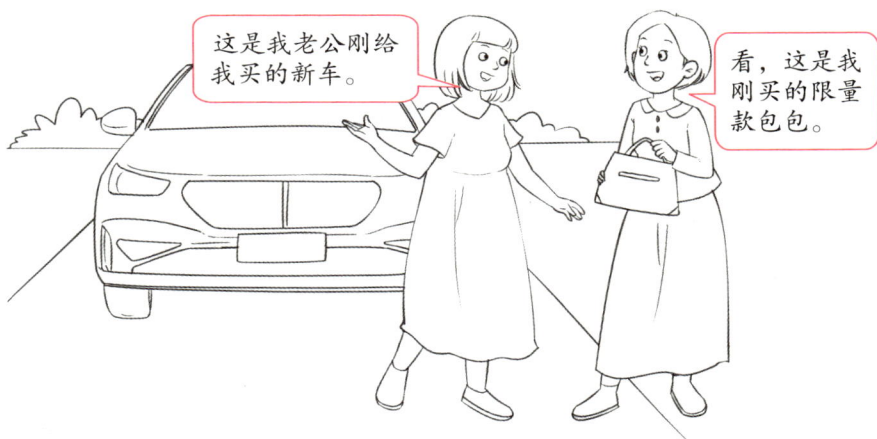

一次，小陈参加了一个大学同学聚会。大家在一起聊的都是一些家长里短、八卦琐事，让她觉得非常无聊。更让她不舒服的是，几个同学一直在炫耀自己的名牌包包和豪华轿车，言语中充满了攀比和虚荣。小陈感到很失落，她意识到这样的社交对自己没有任何意义，只会浪费自己的时间和精力。

无效社交的常见手段

无效社交往往伴随一些常见的手段，比如，有些人热衷于炫耀自己的物质财富或者人脉资源，以此来获得他人的认可。这种社交的本质是建立在攀比和虚荣之上的，缺乏真诚和深度。还有一些人为了达到某种目的，会刻意去讨好他人，甚至不惜牺牲自己的原则。这样的社交，最终只会让自己感到疲惫和失落。

如何识别并拒绝无效社交？

要认清自己的需求和目标，问问自己：参加这个社交活动对我有什么意义？它能帮助我提升自己吗？它能让我感到快乐吗？如果答案是否定的，那就勇敢地拒绝。拒绝并不代表不近人情，而是一种对时间的尊重，也是对自己的负责。

作为当代女性，将时间投资于提升个人品位，远比耗费在无关紧要的社交活动上更有价值。个人品位的提升不仅体现在外在的服饰搭配，更涵盖了内在的修养与气质，这包括知识的积累、审美能力的培养以及价值观的塑造等多方面。

提升品位是一个漫长的过程，需要我们不断地学习和积累。我们可以通过阅读书籍、欣赏艺术、学习新的技能等方式来提升自己的内在修养。我们也可以通过培养良好的生活习惯、注重仪容仪表等方式来提升自己的外在形象。

高阶女人的 社交策略	精简社交圈子，减少压力和焦虑
	提升内在修养和外在形象
	学会独处：专注于自身目标
	学会说"不"：拒绝不必要的社交
	与值得的人相处：关心支持你的人

减少信息干扰

尝试关闭朋友圈一段时间，你会发现之前看到的许多信息并不会带来快乐，反而会增加压力和焦虑。退出那些无意义的群聊，减少无效社交，避免漫无目的地刷短视频，因为这些只会让你在短暂的快感后感到更加空虚和焦虑。

学会享受独处，通过阅读、听音乐、冥想等方式充实自己。定期清理通讯录，删除那些不再联系的人。将更多的时间和精力专注于你的目标，努力提升自我。学会拒绝不必要的社交活动，勇敢地说"不"，与那些真正关心和支持你的人共度时光。

作为一名追求高质量生活的女人而言，时间和精力特别宝贵。如何把它们用好，将直接决定你人生的高度和幸福感。

手机里的各种 APP 推送、社交媒体上的动态、无孔不入的广告……它们无时无刻不在吸引着我们的注意力，不断蚕食着我们的时间。这些干扰信息不仅会分散我们的精力，还会增加我们的焦虑感，让我们无法专注于真正重要的事情。因此，屏蔽干扰信息、提升专注力是每一位高阶女人的必修课。

女 性 成长小建议

　　把精力和时间放在自己身上，这是个永远都不会出错的选项。好好投资自己，好好学习，不要让自己的人生留有遗憾。要记得自己的快乐最重要，因为你的人生只能活一次，除了你自己，没有人会对你的人生负责。

高段位的女人从不替任何人做决定

每个人都是独立的个体，都有属于自己的思想、情感和人生轨迹。替别人做决定，哪怕是出于好意，也可能是一种对他人边界的侵犯。每个人都需要在自己的人生中积累经验，从自己的决定中学习和成长。即使这些决定可能会导致失败和挫折，那也是人生宝贵的财富。

此外，不替他人做决定也是一种对人际关系的保护。当我们强行替别人做决定时，如果最后结果不好，可能招致对方的埋怨，甚至破坏彼此的关系。

别让关爱成了负担

李蓉一直将女儿的教育视为重中之重。她每天都会为女儿制订详尽的学习计划，精确到每小时的活动安排。此外，她还常常亲自陪读，遇到难题时，她有时会直接给出答案，生怕女儿落后于人。

起初，女儿对母亲的安排并无反感，毕竟学习上无须自己操心，还有母亲的全力支持。但好景不长，她的成绩并未如母亲所期望的那样迅速提升，反而开始下滑。

面对女儿的变化，李蓉感到困惑不解。她不明白，为何自己如此尽心尽力，女儿的学习成绩却不尽如人意。难道自己的付出全都白费了吗？经过一番深思后，李蓉终于意识到，自己的过度关爱在无形中剥夺了女儿的学习自主性，使她丧失了学习的动力和乐趣。

意识到问题所在后，李蓉决定调整自己的教育方法。她不再干预女儿的作业，而是引导她独立思考，鼓励她自己寻找解决问题的途径。面对难题时，她也不再直接提供答案，而是在一旁耐心地启发，帮助女儿一步步找到解决问题的方法。

随着时间的推移，女儿开始体会到学习的乐趣和成就感。她开始主动规划学习时间，认真完成作业，并积极探索新的学习方法。摆脱了母亲的压力和过度帮助后，她在学习上变得更加专注和投入，学习效率也显著提高。

从"你要什么"到"你可以选择什么"

低段位的女人常常会以自我为中心，急于表达自己的观点，甚至要替别人做决定。例如，与朋友聚餐时，她们会直接说："我们去吃火锅吧！"高段位的女人则会提供多种选项："今天想吃什么？有几家不错的餐厅，我们可以选择意大利菜、日料或者中餐。"

看似简单的区别，却蕴含着深刻的社交智慧。前者容易让人感觉被强迫，即使表面勉强同意，心里也可能并不舒服。后者则给予了对方选择的权利，更容易获得认同和好感。

高阶女人的职场哲学

李思是一位非常成功的公关总监。一次，公司需要选择一位代言人，团队内部意见不一。李思并没有直接表达自己的想法，而是将几位候选人的资料都整理出来，并列出他们各自的优势和劣势，让团队成员进行讨论，最终大家共同选出了最合适的代言人。这个选择过程虽然耗时较长，但避免了出现内部矛盾，也让最终的决定更具说服力。

从"你应该这样做"到"你觉得这样做怎么样"

在生活中，我们常常不自觉地对别人的行为进行评判，给出"你应该这样做"的建议。然而，每个人都有自己的立场和价值观，不请自来的建议往往会起到适得其反的效果。

高段位的女人懂得避免直接评判，引导对方进行思考。例如，朋友正在面临职业选择，与其直接说你应该选择稳定的工作，不如问她："你觉得稳定的工作和具有挑战性的工作，哪个更符合你的人生规划？"通过询问，引导她思考自己的需求和目标，最终做出适合她自己的选择。

从"我帮你做"到"你需要我做什么"

帮助他人是一种美德，但过度介入甚至越俎代庖地帮忙，则会让人感到不适。高段位的女人懂得尊重他人的边界，不会轻易替别人做决定，更不会强迫别人接受自己的好意。

她们会先了解对方的需求，再提供合适的帮助。例如，当朋友遇到困难时，与其直接说我来帮你解决，不如问她："你需要我做什么？我能为你提供哪些帮助？"这样既表达了你的关心，又尊重了对方的自主性，更容易建立良好的伙伴关系。

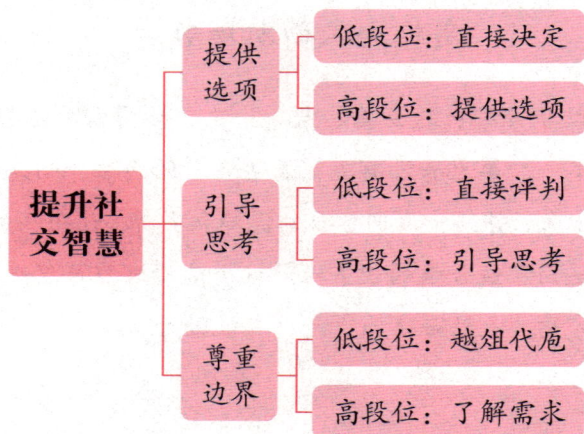

提升社交智慧

- 提供选项
  - 低段位：直接决定
  - 高段位：提供选项
- 引导思考
  - 低段位：直接评判
  - 高段位：引导思考
- 尊重边界
  - 低段位：越俎代庖
  - 高段位：了解需求

女性 成长小建议

高段位的女人并非天生的，而是后天修炼而成的。通过不断学习和实践，提升自己的社交智慧和个人品位，你也能成为一个拥有魅力、受人尊重的高段位女人。要记住，真正的高段位不是操控别人，而是成就自己。

别人的靠近和离开，
并不是都能上得了台面

我们要学会识别生活中哪些是真情实意，哪些只是逢场作戏。我们既不要把所有人的靠近都当作命运的馈赠，也不要把所有的离开都看作人生的遗憾。

有些靠近是带着目的的陷阱

有时候，有些人的靠近可能带着不为人知的目的，就像隐藏在鲜花下的荆棘。女人往往更容易成为这种"伪靠近"的目标，因为她们通常善良、富有同情心，容易被居心不良的人利用。

被利用的靠近

在一次社交活动中，一位名叫陈彤的年轻女孩儿结识了一位看似热情友好的男士。之后，这位男士总是主动找陈彤聊天儿，对她嘘寒问暖，表现出极大的兴趣。陈彤以为自己遇到了一位真诚的朋友，因此对他敞开心扉。

然而，随着时间的推移，陈彤发现这位男士结识她只是为了接近她身边的一位知名企业家朋友，想通过她获取商业机会。当他觉得陈彤无法满

足他的目的后，便渐渐疏远了她。这种被利用的靠近让陈彤感到无比伤心和失望，她的信任就这样被无情地践踏了。

你是否也经历过那种建立在孤独和一时兴起之上的友谊？起初两人的亲密无间，只不过是对方填补内心空虚的权宜之计。当新的目标出现时，你就会被对方毫不犹豫地抛弃，徒留错愕和失落。

建立在孤独上的脆弱友谊

刚入学的时候，舍友对丹丹特别热情，每天都和她一起吃饭、上课、逛街，丹丹以为她们会成为很好的朋友。可是，过了一段时间，舍友又认识了隔壁宿舍的一个女生，便立刻把丹丹抛在了脑后，和新的朋友形影不离。

丹丹这才明白，原来之前舍友的靠近只是因为初到新环境的孤独，而不是真正地把她当作朋友。这种突然的转变让丹丹在很长一段时间里都对友情产生了怀疑，那种被轻易抛弃的感觉，就像失去了一件珍贵的东西。

当别人选择离开时，情况可能非常复杂。有些人离开是悄无声息的背叛，让人猝不及防。有些人离开是为了名利，曾经的盟友可以不惜一切代价，甚至在背后捅你一刀。这种背叛给你带来的伤害，不仅是事业上的打击，更是心灵上的重创，让你对人性感到怀疑和恐惧。

当然，也有一些人的离开无关恶意，只是因为双方步伐成长的不同。虽然这种淡淡的疏离不至于撕心裂肺，但也难免让人感叹世事无常。

王乐乐和发小一起长大，她们经常分享彼此的所有秘密。然而，随着年龄的增长，王乐乐选择了继续深造，追求学术梦想，她的发小则早早步入社会，开始工作。慢慢地，她们的生活交集和交流的话题变得越来越少。尽管没有什么矛盾，但两人之间的距离却越来越远。最终，她们的关系变得有些尴尬，见面后也只是简单地寒暄。这种因为人生轨迹不同而导致的离开，虽然没有怨恨，但却有一种淡淡的忧伤。

看透靠近与离开的本质
- 辨别真伪，保护自己
- 珍惜真诚靠近，坚强面对虚伪靠近
- 保持独立自信
- 宽容对待人与事
- 正确看待靠近与离开

看透靠近与离开的本质

对于女人来说，某些人的靠近和离开，无论是美好的还是痛苦的，都构成了我们生活的一部分。我们在这些经历中学会了辨别真伪，懂得保护自己。当我们遇到那些真诚的靠近时，要学会珍惜；当我们面对那些虚伪或者伤害性的靠近与离开时，要学会坚强。

然而，我们不能因为遇到这些不好的经历而对所有人都产生怀疑。在我们的生活中，还是有很多美好的靠近和体面的离开。别人的靠近和离开是我们无法掌控的，我们所能做的就是保持自己的独立和自信，用一颗敏锐又宽容的心去对待这些人和事。

女性成长小建议

　　无论何时，请你不要把所有人的靠近都视作命运的馈赠，也不要把所有人的离开都看作人生的遗憾。那些不真诚的靠近和不体面的离开都不值得你去浪费时间和精力。你要擦亮双眼，用心去感受、去辨别、去珍惜那些真正美好的相遇。

万能社交法则：不要分析他人

你是否经历过这样的场景：对方突然变得冷淡了，消息回复得慢了，甚至干脆不回信息。于是，你的大脑开始高速运转，像一台失控的分析机器，疯狂地搜索各种可能性：他是不是生气了？我是不是哪句话说错了？之后，你开始陷入无尽的自我怀疑和内耗中，焦虑、不安、委屈、难过等各种负面情绪吞噬你的快乐和自信，让你感觉整个人都被掏空了。

别再这样折磨自己了！

在人际交往中，我们总是忍不住去分析对方的动机。你把自己的注意力全都放在别人身上，为了迎合别人，把自己搞得疲惫不堪，何必呢？

每个人的行为背后都是他多年经历积累下来的结果，我们没必要非得去探究其背后的原因。少去研究分析别人，多花点儿心思琢磨自己。我们要允许他是他，也要允许自己是自己。放下那种想要控制外界的想法，允许他不按我们的想法行事，也允许他不喜欢我们。

少研究别人，多琢磨自己

如果别人把你的时间和精力都耗光了，你就会变得空虚无力，情绪也变得容易失控。细想一下，为了别人而放低自己，最后换来的却是失控的局面，自然得不到别人的尊重。

建立规则，掌控关系

首先，你只需要搞清楚自己的需求，尊重自己的感受，确定自己的目标、期望和界限，然后按照自己的标准去做事，把更多的精力放在自己身上。其他人的想法和做法并没有那么重要。

其次，你要根据自己的需求和感受，在和他人不断磨合、博弈的过程中，建立起属于自己的规则。如果相处得愉快，那就继续；如果他让你感到不悦，该谈判就谈判，该争吵就争吵。如果以上这些方法都不管用，那就果断结束这段关系。记住，你永远都有随时转身离开的权利。

失望的生日礼物

咖啡店，赵子涵望着窗外，眉头紧锁，手里紧紧攥着手机，屏幕上显示着和男朋友的聊天记录。又是一次不欢而散，原因是她觉得男友不够关心她，没有在她生日那天送她想要的礼物。

这时，咖啡店老板娘走了过来，递给她一杯热咖啡。"看你愁眉苦脸的，有什么心事吗？"老板娘关切地问道。

赵子涵犹豫了一下，还是把和男友的矛盾告诉了老板娘。老板娘听完，笑着说道："姑娘，你总是期待别人来满足你的需求，却忘了自己才是最了解自己的人。"

赵子涵愣住了，她从来没想过这个问题。老板娘拍了拍赵子涵的肩膀："与其总是抱怨别人给的不够，不如想想自己能为自己做些什么。"

赵子涵陷入了沉思。老板娘的话像一道闪电，照亮了她一直以来忽略的角落。她意识到，一直以来她都把幸福的钥匙交给了别人，却忘了自己才是掌握钥匙的人。与其期待别人给予，不如先学会爱自己，满足自己。

雨停了，阳光透过云层洒了下来，赵子涵的心情也豁然开朗。她决定

先给自己买一条心仪已久的项链，作为送给自己的生日礼物。她也要开始学习关心别人，理解别人，从自身出发去经营感情。她明白，真正的幸福，来自于内心的丰盈和满足，而不是依赖于外界的给予。

不被他人因果所扰

更为重要的是，我们别去参与他人的因果，他人所有的行为都是他过往经历的反映，我们没必要去探究。我们只需要明白什么才是真正和自己相关的，哪些因素会影响自己的利益。

在一段关系里，如果我们总是去分析他人的行为、态度、言语，因为他人的一点儿小变化就陷入猜测、自我怀疑、自我厌恶，这说明我们将自己的立足点放在了他人身上。你本想掌控他人，殊不知你根本掌控不了，最后只会使自己精神内耗。

我们要做的是把立足点放在自己身上，只关注自己想要什么。每一段关系其实都是和自己的关系，每个让你感觉温暖舒适、像回到家一样的人，都只是让你找到了自己。关系本身不需要我们去刻意维持，真正需要处理的是我们自己内心的问题。

```
                              ┌─ 允许他是他，自己是自己
                              │
                              ├─ 关注自己的需求和感受
    如何放下对                 │
    他人行为的 ────────────────┼─ 建立自己的规则
    过度分析                   │
                              ├─ 避免被沉默成本困住
                              │
                              └─ 内心的自我处理
```

在人生的旅程中，最后你找到的同伴永远是你自己。你越早把立足点放在自己身上，就越不需要靠别人来填补内心的空虚。你越早这样做，别人的行为就越不容易影响你。你的心态不会被他人影响，你也不会依赖他人，这样一来，你就会变得主动又从容。

女性 **成长小建议**

在这世界上有三样重要的东西：你自己、你的感受、你钱包里的钱！凡事我们要向内求，这并不是说我们要以自我为中心或者自私，而是说不要总要求别人能给我们什么，要多想想要怎么满足自己的需求。

第 四 章

做个有品位的女人，
遇见更美的自己

　　女人的魅力宛如一座宝藏，等待着被挖掘。高段位的女人懂得，品位是开启这座宝藏的钥匙。它无关虚荣，而是一种对生活本身的热爱与尊重。做个有品位的女人，是挣脱世俗枷锁后对美好自我的重塑。这不仅是外在的精致展现，更是内在力量的凝聚。在这个过程中，我们将与更美的自己不期而遇，绽放出令人倾慕的光芒。

别被"缺爱"洗脑，人生是旷野

在这个纷繁复杂的世界里，有一种无形的枷锁正悄悄地束缚着许多女人的心灵，那便是"缺爱"的观念。它潜伏在女人的潜意识中，让我们在人生的道路上步履维艰，甚至迷失方向。然而，我们必须清醒地认识到，人生是旷野，而不是轨道，我们不应该被"缺爱"所洗脑，将自己禁锢在自我怀疑的牢笼里。

冲破缺爱藩篱，别让情感依赖侵蚀自我

"缺爱"的观念往往源于我们内心深处对情感的渴望和不安。或许我们从小被大人灌输了各种关于爱的定义和标准，例如，爱是他人的认可、爱是无微不至的关怀、爱是不离不弃的陪伴。这些观念在一定程度上塑造了我们对爱的认知，但同时可能成为我们心灵的羁绊。当我们在生活中遭遇挫折时，比如失恋、朋友的背叛、家人的不理解时，那种"缺爱"的感觉便会如潮水般涌来，让我们顿时觉得自己仿佛是世界上最孤独、最可怜的人。

然而，人生本就不是一帆风顺的，情感上的起伏波动是再正常不过的事情。如果我们一味地将自己的价值和幸福寄托在他人的爱之上，那么我们就等于将人生的主导权拱手相让。我们会变得患得患失，为了迎合他人而丧失自我。就像那些为了留住爱人而不断改变自己的女人，她们放弃了自己的兴趣爱好、原则和底线，最后却发现爱人依然离自己而去。这种以牺牲自我为代价去追求爱的行为，正是被"缺爱"洗脑的典型表现。

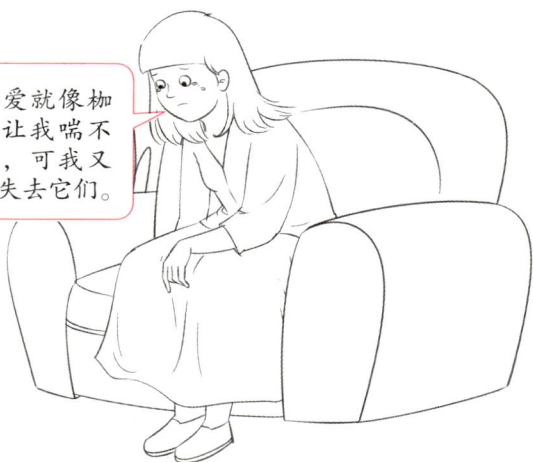

这些爱就像枷锁，让我喘不过气，可我又害怕失去它们。

在人生旷野中书写女人自由华章

人生是旷野，它有着无限的可能性和广阔的空间。只有当我们摆脱"缺爱"的束缚时，才能真正领略这片旷野的一望无际。在这片旷野上，我们是自由游走的行者，可以选择自己的方向，可以探索未知的领域，可以创造属于自己的价值。我们不需要依赖他人的爱来证明自己的存在，因为我们本身就是充满价值的个体。

就像那些在历史长河中闪耀的女人，她们并没有被"缺爱"所困扰，而是勇敢地在人生的旷野中奔跑。比如简·奥斯汀，她一生未婚，但她并没有觉得自己缺爱或不完整。相反，她把自己的情感和对人生的思考融入作品中，创造出许多不朽的文学经典。她在自己的人生旷野中找到了生命的意义，那就是通过文字表达自己对爱情、婚姻和人性的理解。她的作品影响了无数人，也让人们看到了女人独立思考和追求梦想的力量。

再看看现代社会中的一些成功女人，她们在事业上拼搏，面对困难和挫折时，并没有因为缺乏某些方面的爱而放弃事业。她们知道，自己的人生是由自己来书写的，爱只是生命中的一部分。在广阔的人生旷野中，她们发现了自己的兴趣和潜力，努力实现自我成长。她们积极参与社交活动，结交志同道合的朋友，建立起属于自己的社交圈子和支持系统。这些都不是基于对"缺爱"的恐惧，而是基于对自己人生的掌控和对自由的追求。

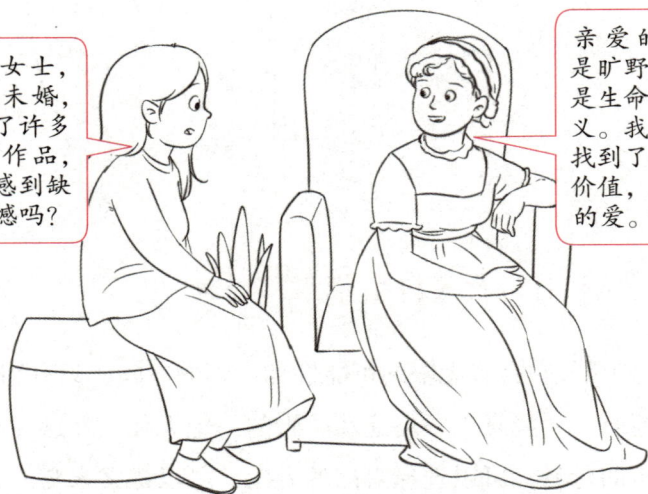

> 奥斯汀女士，您一生未婚，却留下了许多伟大的作品，您从未感到缺爱或遗憾吗？

> 亲爱的，人生是旷野，爱并非是生命的唯一意义。我在文字中找到了属于我的价值，这便是我的爱。

从"缺爱"到自足，积极心态与多元爱的艺术

如何摆脱"缺爱"的洗脑呢？首先，我们要学会自我认知，了解自己的优点和不足，明确自己的价值观和人生目标。当我们清楚地知道自己是谁、想要成为什么样的人时，我们就不会轻易被他人的评价和态度左右。我们要相信自己的内在力量，相信自己有能力给予自己爱和关怀。这并不是说我们要拒绝他人的爱和关怀，而是要让自己的内心变得足够强大，不依赖他人的爱来生存。

其次，我们要培养积极向上的心态。在人生的旷野中，难免会遇到风雨和坎坷，但我们可以选择用乐观的眼光去看待这些挑战。每一次的挫折都是一次成长的机会，每一次的失去都是为了迎接更好的事物。当我们以

积极的心态面对生活时，就会发现，即使没有外界所谓的"爱"的滋养，我们依然可以活得精彩。

此外，我们要学会在生活中寻找爱，而不是等待爱。这种爱不仅是男女之间的爱情，还包括对家人、朋友的关爱，对生活的热爱，对自然的敬爱。当用心去感受生活中的点滴美好时，我们会发现，爱其实无处不在。一朵盛开的鲜花、一次温暖的日出、一个陌生人的微笑，都可以成为我们心灵的慰藉。

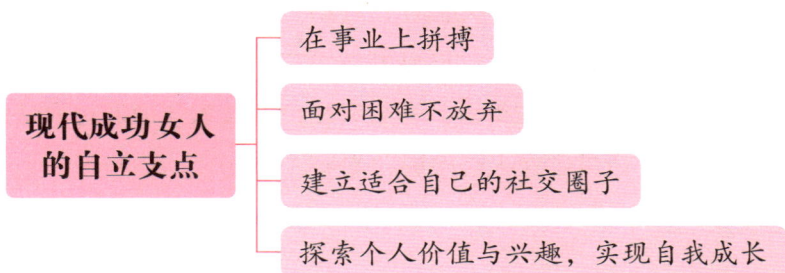

现代成功女人的自立支点
- 在事业上拼搏
- 面对困难不放弃
- 建立适合自己的社交圈子
- 探索个人价值与兴趣，实现自我成长

人生是旷野，它给予我们自由和机会去创造属于自己的精彩。不要让"缺爱"的观念蒙蔽我们的双眼，束缚我们的灵魂。让我们勇敢地迈出前进的步伐，在这片广阔的旷野中奔跑、探索、成长，书写属于自己的辉煌篇章，拥抱属于自己的丰富多彩的人生，因为我们值得拥有一个不被"缺爱"所定义的自由而灿烂的人生。

女性 成长小建议

　　亲爱的朋友，请你记住：人生是旷野，而不是被设定好的轨道。你的人生拥有无限可能，不必受限于"缺爱"的枷锁。勇敢地探索自我，追求梦想，用积极的心态面对每一次挑战。你是独一无二的，值得拥有一个自由灿烂的人生！

衣品是你的第二张名片

在这个视觉先行的时代，人们往往在第一眼就会对他人形成一个初步印象。对于女人来说，衣品就如同她们的第二张名片，无声却有力地展现着她们的品位、气质和内在世界。一个有品位的女人懂得通过衣装来展现自己的独特魅力，让自己在人群中脱颖而出。

精准定位自我风格，展现独特的魅力

衣品是对自我风格的精准定位。它不是盲目地追逐潮流，而是在流行元素的海洋中找到契合自身灵魂的那一抹色彩与线条。

例如香奈儿女士，她以简洁、优雅、经典的设计风格打破了当时女装的繁缛。她将男装元素融入女装，创造出了至今仍备受女人推崇的小香风套装。宽松的针织衫、直筒裙和珍珠配饰不仅是她对自我风格的诠释，更是一种对女人独立与自由精神的展现。

东方魅力与女人风格探索

在一次重要的国际商务峰会上，云集了各国的精英人士。其中，来自亚洲的年轻女企业家林女士身着一套中式改良旗袍连衣裙出席。旗袍的面料是质感上乘的丝绸，上面绣着精美的传统云纹图案，用金线勾勒，华丽却不失典雅。该旗袍领口是传统旗袍的立领设计，但进行了适度的改良，使其更贴合颈部线条，展现出优美的天鹅颈。她还搭配了一对儿简约的珍珠耳环和一只小巧的手拿包，包上有中式盘扣的装饰元素。这身穿着让她在满是西式正装的会场中独树一帜，彰显出东方女人的独特韵味和自信。许多外国企业家被她的独特气质所吸引，纷纷前来交流。林女士用她的衣品向世界展现了她对民族文化的自豪和对自身风格的精准把握，成为她在商务社交中有力的名片。

在峰会上，林女士用自己的衣品诠释了有品位的内涵。衣品就是这样一种神奇的存在，能够在无声中传达出女人的个性、修养和魅力，帮助女人在各种场合中脱颖而出。

有品位的女人都明白，适合自己的穿衣风格才是永恒的时尚。她会深入了解自己的身材特点、性格气质，是浪漫的法式风情适合自己，还是简约的现代风格更能彰显个性，或是复古的韵味更能体现内涵。这种对自我风格的探索如同一场充满惊喜的旅程，每一次的尝试都是对自我的进一步认知。

以细节为笔，绘就女人品质生活画卷

衣品体现出对细节的极致追求。一件高品质的衣服，往往在细节之处见真章。领口的剪裁、袖口的设计、纽扣的材质，这些看似微小的元素，却能在整体造型中起到画龙点睛的作用。就如同一件高级定制服装，每一针、每一线都蕴含着匠人的心血。一位有品位的女人在选择服装时，就会格外留意这些细节。她知道，一件有质感的衣服，其细节之处是经得起时间考验的。

比如，一件做工精细的白衬衫，领口的平整挺括、纽扣的光泽度和牢固度都彰显着品质。在搭配上，细节同样重要。一条精致的丝巾，以独特的系法点缀在颈间；或是一款小巧而设计独特的手拿包，与整体着装相呼应。这些细节的处理让整个造型更加精致，也展现出女人的细腻心思和对生活品质的高要求。

有品位的女人是社交场合中的"变色龙"

衣品是对不同场合的尊重与融入。生活中有各种各样的场合，每个场合都有其特定的氛围和着装要求。有品位的女人是社交场合中的"变色龙"，总能以合适的着装完美融入。

在正式的商务会议中，她会选择一套修身的西装外套、干净利落的直筒裤或铅笔裙，搭配一双精致的高跟鞋，彰显女人在商业界中的力量；在浪漫的晚宴上，她或许会身着一袭华丽的晚礼服，丝绸的质感、璀璨夺目的珠宝配饰，与优雅的举止相得益彰，宛如从画卷中走出的佳人；在休闲的周末时光，舒适又时尚的着装则是她的首选，宽松的牛仔裤、简约的 T 恤或毛衣，搭配一双休闲鞋或平底靴，展现出轻松自在又不失时尚感的一面。这种对场合的敏锐感知和恰当的着装，体现出女人的修养和对周围环境的尊重。

从内在修养到外在魅力的升华

衣品是一种内在修养的外在映射。一个内心丰富、充满智慧的女人，其衣品往往也透露着高雅的气质。对于她来说，衣服不仅是遮体之物，更是表达自我的媒介。她读过的书、走过的路、经历过的故事，都融入了她对服装的选择和搭配中。她不会被浮躁的时尚表象所迷惑，而是追求一种由内而外散发的和谐之美。就像作家杨绛，她一生淡泊名利，着装朴素，却有着一种宁静致远的气质，她的衣品反映出的是她深厚的文化底蕴和高尚的人格。一个有品位的女人，懂得用衣品来传达自己的价值观。

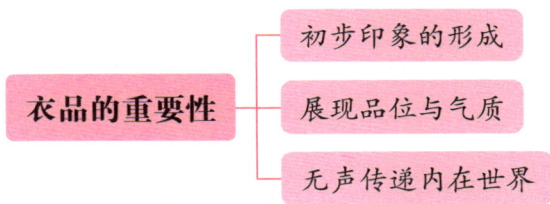

衣品的重要性
- 初步印象的形成
- 展现品位与气质
- 无声传递内在世界

做个有品位的女人，让衣品成为自己的第二张名片，这需要我们不断地去学习、尝试和修炼。从了解自己到关注细节，从适应各种场合到提升内在修养，每一步都是构建独特衣品的基石。让我们精心雕琢这张名片，在人生的舞台上，以衣品彰显个人魅力，成为一道独特又令人难忘的风景。衣品不仅关乎外表，更是一种生活态度。

当我们将衣品视为生活的重要元素时，便开启了一扇通往魅力新世界的大门。除了出席大型活动、商务场合和休闲时光，旅行中的衣品也别具意义。在异国他乡的古老街道上，身着具有当地特色元素融合现代设计的服装，能更好地与周围环境相融，同时展现自身独特审美。比如在充满艺术气息的欧洲小镇，女人用一条复古花纹的披肩搭配简约的连衣裙，仿佛是从历史画卷中走出来的精灵。

随着季节更替，衣品也能体现对大自然的呼应。春日的繁花似锦，可以穿轻薄的碎花裙来映衬；夏日的热烈奔放，适合用简约清凉的短裤短袖展现活力；秋日的金黄落叶，与暖色调的风衣、毛衣相得益彰；冬日的银装素裹，则需要厚实的毛呢大衣和精致的围巾来抵御寒冷并彰显品位。每个季节都是一次衣品的新挑战和新机遇，让我们用服装书写四季的故事，诠释生命的多彩。

女 性 **成长小建议**

在这个视觉时代，衣品是你的无声宣言。做那个在人群中熠熠生辉的自己，用服装讲述你的故事，展现你的独特魅力。请你记住，真正的时尚源自内心的自信与优雅。让每一次的穿搭都成为自我表达的舞台，你的衣品就是你最好的名片！

仪式感让平凡的日子闪闪发光

生活就像一条平淡无奇的溪流，日复一日地流淌着，在悄无声息间磨平了我们对美好生活的感知。然而，对于那些有品位的女人来说，仪式感就宛如一把神奇的魔杖，随手轻轻一挥，便能让那些平凡的日子焕发出耀眼的光芒，成为生命中一颗颗璀璨的珍珠。

仪式感是对生活的尊重与敬畏

仪式感并不是为了迎合他人眼光的作秀，而是一种深入骨髓的生活态度。每一个清晨，当阳光透过窗帘的缝隙洒落在脸上时，有品位的女人不会匆匆忙忙地从床上跳起，而是会懒洋洋地伸一个懒腰，然后在窗前静静地站一会儿，感受美好的气息。她们会精心挑选一套舒适又优雅的衣服，或许会系上一条丝巾，那不仅是为了美观，更是一种对新的一天的庄重迎接。就像古老的祭祀仪式，人们怀着敬畏之心，祈求风调雨顺。现代生活中的我们，通过这种小小的仪式感来祈求生活的美好与安宁。

仪式感是一种对自我的珍视与取悦

我们常常忙于满足他人的期待，而忽略了自己内心的需求。高段位女人懂得，仪式感是给自己的一份礼物，比如，每周给自己安排一个下午茶时间。她们会铺上一块精致的桌布，摆上最喜欢的茶具，泡上一壶香气四

溢的花茶。在这个小小的角落里，没有外界的喧嚣，只有自己和那一份宁静的美好。这个下午茶的仪式感无关他人，只是自己与内心的对话，是对自己辛勤一周的犒劳。它让女人从繁忙的生活与工作中脱离出来，重新找回真正的自己。

在平凡中创造非凡

有一位名叫艾米的女士，她和丈夫住在一个面积不大的公寓里，生活平淡而拮据。但艾米是一个充满仪式感的人，每个月的最后一个周末，她会把家里布置成一个小型的电影院。她会用床单遮住窗户，营造出黑暗的环境，然后用投影仪播放一部经典的老电影。她会准备一些爆米花和自制的果汁，和丈夫一起窝在沙发上，享受这个特别的夜晚。这个小小的仪式感，让他们原本单调的生活瞬间变得充满乐趣和浪漫。即使周围的环境没有改变，他们依然能在这个小小的空间里，感受到如同在豪华电影院般的氛围。

在特殊的日子里，仪式感更显得意义非凡。生日、纪念日这些看似普通的时间节点，对于有品位的女人来说可是生活中的高光时刻。她们不会简单地度过，而是会精心策划一番。在生日那天，她们或许会给自己买一束鲜花，做一顿丰盛的晚餐，点上蜡烛，许一个美好的愿望。在结婚纪念日当天，她们会和伴侣重新回到曾经相识的地方，回忆那些甜蜜的瞬间。这些仪式感满满的举动，会让特殊的日子深深地烙印在脑海中，成为生命中最宝贵的财富。

仪式感是生活的精致诗篇与世代传承

对于有品位的女人而言，仪式感还体现在对生活细节的关注上。比如，用漂亮的书签标记正在阅读的书籍，在餐桌上摆放鲜艳的花朵，用手写的书信代替电子邮件与朋友交流。这些看似微不足道的细节像点点繁星，点缀着生活的夜空。它们让每一个瞬间都充满诗意，让女人在平凡的日常中感受到一种精致与优雅。

仪式感也是一种传承，它可以传递给身边的人，尤其是下一代。有品位的女人会带着孩子一起参加各种有仪式感的活动，比如在传统节日里，陪孩子一起制作特色的美食，给他们讲述节日的由来和意义。这种仪式感的传承不仅让家庭文化得以延续，更能让孩子在充满爱的氛围中茁壮成长，学会珍惜生活中的每一个美好瞬间。

仪式感对于自我的意义
- 尊重与敬畏生活
- 自我珍视与取悦
- 在平凡中创造非凡

让我们在这个纷繁复杂的世界里做一个有品位的女人，用仪式感来为生活注入活力与魅力。让我们在平凡的日子里点亮那一盏盏名为仪式感的灯，照亮我们前行的道路，让每一个平凡的日子都闪闪发光。因为我们值得拥有这样充满仪式感的精彩人生，值得在这漫长岁月中留下无数闪耀着光芒的美好回忆。让仪式感成为我们生活的一部分，成为我们灵魂深处对美好的永恒追求。

女 性 *成长小建议*

在平凡的日子里，仪式感如同魔法，让每一刻都熠熠生辉。无论是清晨的静思还是周末的家庭影院之夜，每一份用心都能让平淡的生活充满诗意与美好。让我们用仪式感点亮每一天，成为自己精彩人生的导演，留下无数珍贵的回忆，因为你值得拥有这份精致与优雅。

学会自己对自己负责，永远有Plan B

每个女人都在探寻一条属于自己的人生路径，而要成为一位真正有品位的女人，其内涵远超于物质财富与社会表象所能涵盖的范畴；它实际上是对个人生命旅程的一种深层次掌握与主导，体现为一种内在的力量。即勇于承担起自己生活全部责任的态度，并在面对未知与不确定因素时，拥有并能够实施备选方案的能力。这不仅是一种应对生活的智慧与策略，更是对自身价值与信念的一种高度自觉与坚定实践。

对自己负责是一种内心深处的觉醒

在这个世界上，我们不能总是依赖他人的扶持与庇佑。很多女人在成长过程中被灌输了依靠他人的观念，比如依靠父亲、丈夫等。但这种依赖往往是很脆弱的，一旦支柱动摇，生活便可能陷入困境。有品位的女人深知，只有依靠自己才是最可靠的。她们对自己的人生有着清晰的规划，无论是职业发展、情感生活还是个人成长，都不会轻易将决定权交给他人。

莉莉曾经是一名全职太太，全心全意地照顾家庭。然而，命运却给了她一个意想不到的挑战——丈夫的生意失败，家庭经济陷入危机。更糟糕的是，夫妻之间的感情也出现了裂痕。起初，莉莉陷入了绝望，感觉自己的世界崩塌了。但她很快意识到，自己不能就这样被打倒，她必须为自己和孩子负责。于是，她重新捡起了自己曾经的专业技能，开始在网上找兼职工作。从最初的艰难起步，到后来逐渐有了稳定的收入，莉莉完成了从依赖他人到自我负责的蜕变。这个过程并不容易，但正是这种对自己负责的态度，让她重新找回了生活的自信。

我曾一度以为，我的幸福和未来都掌握在他人的手中……直到有一天，我明白了，只有自己才是最可靠的。

永远有Plan B是一种未雨绸缪的远见

生活充满了各式各样的变数，就像天气一样，可能前一秒还是晴空万里，下一秒就突然乌云密布。有品位的女人不会在单一的道路上孤注一掷，她们会为自己准备多条后路。在事业上，如果当前的项目面临困境，她们会有备用的方案；在感情中，如果一段关系出现问题，她们会有独自生活的能力和心理准备。这种 Plan B 的思维方式，不是一种对生活的悲观，而是一种理性的乐观。

仪式感在这个过程中扮演着重要的角色。它是我们取悦自己、强化自我负责意识的一种方式。当我们在为自己的生活制订计划和准备 Plan B 的时候，可以通过一些小小的仪式感来增强自己的信心。比如，当我们完成一份自己对自己人生规划的计划书后，可以在一个安静的夜晚点燃一支蜡烛，在柔和的灯光下再次审视这份计划，感受自己对自己负责的庄重。这种仪式感会让我们更加珍惜自己为自己所做的一切，它也提醒着，我们是在为自己的精彩人生而努力。

自我赋能与优雅转身的艺术

对于有品位的女人来说，自己对自己负责和有 Plan B 体现在对自我成长的持续追求上。她们不会因为一时的安逸而停止前进的脚步。在闲暇时光，她们会学习新的技能，无论是学习一门新的语言、一种新的艺术形式还是一种新的健身方法，这些都是她们的 Plan B 的一部分，因为这些新的技能可能在未来的某个时刻为她们打开一扇新的大门。同时，这也是一种对自己负责的表现，通过不断提升，让自己在面对各种变化时更有底气。

在社交方面，有品位的女人也会秉持着对自己负责的态度。她们不会为了迎合他人而失去自我，而是选择与那些真正欣赏和尊重自己的人交往。在朋友关系中，如果发现朋友的行为对自己产生了负面影响，她们会选择离开，并且很快融入其他的社交圈子。她们明白，情感和心理健康才是自己负责的重要部分。

持续地追求自我成长

把学习新技能作为 Plan B 的一部分

不断提升自己面对变化的底气

高段位女人如何对自己负责

保持独立性，不迎合他人

选择正面影响的人际关系

维护情感与心理健康

重启之美，有品位女人的Plan B哲学

在面对困难和挫折时，有品位的女人会以一种积极的心态看待 Plan B 的启动。她们把这看作生活给予的新机会，而不是失败的象征。每一次从 Plan A 过渡到 Plan B，都是一次成长和蜕变的过程。就像凤凰涅槃，在烈火中重生，让自己变得更加美丽和强大。

做个有品位的女人，就要学会对自己负责，永远有 Plan B。这是一种让我们在生活的旷野中自由奔跑、不惧风雨的力量。让我们带着这份智慧和勇气，用自己的方式创造独一无二的未来。因为我们值得拥有这样一种自主、自信的生活，无论社会如何变化，我们都能牢牢掌握自己的命运之舵。

女 性 **成长小建议**

真正有品位的女人会秉着自我负责的态度，勇敢地面对每一个挑战。她们不依赖外在的支持，而是通过不懈的努力与学习，确保自己总能从容应对未知。每一次转向 Plan B，不仅是对生活的灵活应对，更是对自我价值的实现与升华。

经济独立，才能灵魂自由

在历史长河与现代社会的交织画卷中，女人的地位与价值不断被重新审视。经济独立是女人展现高品位生命姿态的核心密码，其蕴含着深刻且新颖的价值内涵。

经济独立是女人摆脱束缚的利刃

经济独立使女人拥有打破传统牢笼的强大力量。当女人凭借自身能力在经济领域占据一席之地时，她所颠覆的是千年传承的观念枷锁。这一过程不是简单的物质获取，而是对整个社会价值体系的有力冲击。就像罗莎·帕克斯，她在那个种族与性别双重压迫的时代，以经济独立为支撑，勇敢地拒绝在公交车上给白人让座。她的行为不仅是个人反抗，更是向世界宣告女人在经济独立后所拥有的精神自主性，这种自主性能够引发社会结构深层次的变革。

经济独立能塑造女人自由的灵魂

在这个经济独立的征程中，女人面对的是无数的挑战与挫折，而每一次克服挑战与挫折都是对自我的重新认知。这种认知不是基于外界的评价标准，而是源于内心深处对自身能力和潜力的洞察。

在竞争激烈的市场环境中，经济独立让女人有机会展现智慧、坚忍和创新能力。

经济独立促进女人教育与知识积累

当女人拥有稳定的收入来源时，她们便有可能投资于自身的教育，无论是通过正规的学校教育还是非正式的学习途径。知识的积累不仅让女人提高了职业竞争力，也让她们有了更加广阔的视野。比如，许多女人利用业余时间攻读学位或参加在线课程，以此来提升自己在职场中的地位，知识的力量让女人能够在社会和家庭中拥有更多的发言权。

经济独立为女人开启的是一扇通往多元文化与思想融合的大门，是塑造高品位灵魂的熔炉。经济独立的女人有能力和资源去突破地域、文化和阶层的限制，投身于知识的海洋和艺术的殿堂。她们可以像林徽因一样，在建筑、文学、艺术等多个领域自由穿梭。

林徽因生于富贵之家，但她并未依赖家族，而是通过自己的学识和才华，在建筑领域取得了卓越成就。她与丈夫梁思成一同走遍中国大地，考察古建筑，为中国古代建筑研究作出了不可磨灭的贡献。同时，她在文学

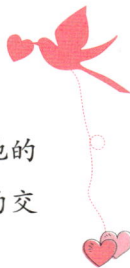

上的造诣也极高，其诗歌和散文展现出了高雅的品位和深邃的思想。她的经济独立使她能够与当时的文化精英平等交流。她的生活是一首高雅的交响曲，融合了艺术、学术和思想的多重旋律，成为有品位女人的典范。

经济独立是女人内在力量的源泉

经济独立不仅意味着女人可以在物质上自给自足，更重要的是它为女人提供了内在力量的源泉。当女人不再依赖他人来满足基本的生活需求时，她们便获得了探索自我潜能的力量。这种内在的力量让女人能够在面临困境时依旧保持积极乐观的态度，并拥有解决问题的能力。例如，很多女性企业家在创业初期都会遇到资金不足、市场竞争激烈等难题，正是这种内在的力量支持她们坚持不懈，最终取得成功。

经济独立与心理健康的关系

除此之外，经济独立还与女人的心理健康有着密切的关系。相关研究表明，经济独立可以有效减少女人的压力，因为她们不再需要担心基本的生活保障问题。同时，经济独立也增强了女人的自尊心和自信心，使她们

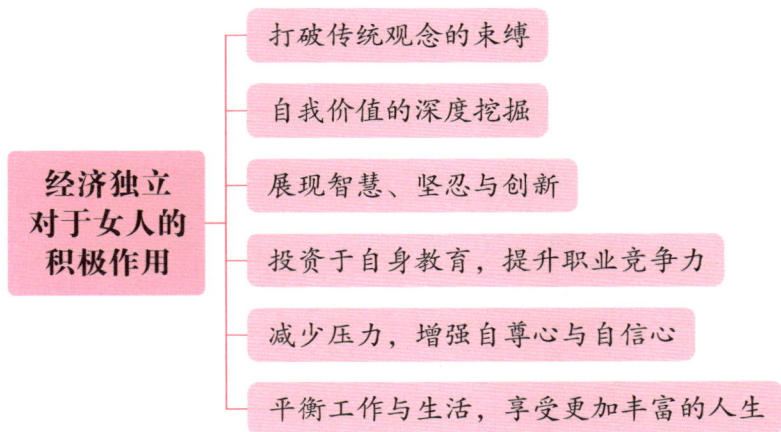

经济独立对于女人的积极作用
- 打破传统观念的束缚
- 自我价值的深度挖掘
- 展现智慧、坚忍与创新
- 投资于自身教育，提升职业竞争力
- 减少压力，增强自尊心与自信心
- 平衡工作与生活，享受更加丰富的人生

在面对人际关系或职业挑战时更加从容不迫。心理健康良好的女人更容易在社会中发挥积极作用，因为她们能够更好地平衡工作与生活，享受更加丰富的人生。

在现代社会，经济独立的女人正以一种全新的面貌重塑世界。她们不再是社会边缘的配角，而是站在时代前沿的主角。经济独立使女人的灵魂自由有了实质的内涵，让她们能够以高品位的姿态在生活的舞台上翩翩起舞。

这是一场关于女人自我觉醒和社会进步的伟大征程，经济独立是这场征程中最坚实的基石。每一位女人都应踏上这条经济独立之路，释放灵魂的自由之光，书写属于自己的辉煌史诗，成为时代中有品位的灵魂舞者。

女性 *成长小建议*

对于女人来说，经济独立不仅是一个经济层面的概念，更是女人实现全面发展的基石。经济独立使女人能够在精神层面上得到解放，让她们有能力追求更高层次的需求。在这个过程中，女人不仅塑造了自己的人生，也为社会的进步贡献了不可或缺的力量。

吸引美的磁场，善良是最高级的护身符

在人类文明的漫长画卷中，女人以其独特的存在方式诠释着生命的多元意义。有品位的女人的魅力不仅体现于表面的光鲜，更在于其灵魂深处所蕴含的特质。其中，善良成了一种超越世俗理解的护身符，彰显着她们的品位。

品位是一种对生命深度的洞察和对价值内涵的精准把握。有品位的女人深知，世界是一个复杂而微妙的存在体，其中的善恶美丑并非泾渭分明，而是交织于生活的每一个细微之处。她们不会被表面的浮华迷惑，也不会在世俗的旋涡中随波逐流。在她们的眼中，善良并不是一种简单的情感冲动，而是一种基于对人性深刻理解的生存智慧。

洪水中绽放的善良之花，品位女人的楷模

在一个小镇上，住着一位名叫艾米的女士。艾米并不富有，也没有倾国倾城的容貌，但她是小镇上最受人尊敬和喜欢的人。她每天都会去看望那些生活困难的邻居，为他们送去自己亲手制作的食物和温暖的问候。

有一次，小镇遭遇了罕见的洪水灾害，许多房屋被冲毁，居民们流离失所。艾米毫不犹豫地打开自己的家门，收留了那些无家可归的人。她四处奔波，为大家筹集物资，组织救援。

在那段艰难的日子里，她几乎没有休息过一天，但眼中却始终闪烁

着坚定而善良的光芒。当洪水退去，小镇开始重建时，人们都对艾米充满了感激之情。她的善良不仅帮助大家渡过了难关，也深深地感染了每个人。

在这个过程中，艾米并没有刻意去展现自己的品位，但她的善良却让她成了小镇上最有品位的女人。她就像一块磁铁，吸引着周围的人向她靠拢，大家从她身上看到了人性中最美好的一面，也感受到了那种源于善良的独特魅力。

以善良为基，在世界中传递温暖

在现代社会，有品位的女人同样将善良奉为圭臬。在人际交往中，她们不被利益的枷锁束缚，而以善良为基石建立起良好的人际关系。面对他人的苦难，她们不会冷漠旁观，而是用行动给予支持。这种善良并非为了获得回报或赞誉，而是源于她们内心深处对人类共同命运的共情。她们明白，每个人的生命都如同宇宙中的繁星，相互辉映。当她们向他人伸出援手时，是在为整个生命之网注入温暖与力量。

品位女人的职场智慧，以善良激发团队力量

有品位的女人以善良为准则，塑造着一种独特的领导力。她们不会为了晋升而不择手段，也不会在团队中制造纷争，以凸显自己的地位。相反，她们关心同事的成长与福祉，善于发现他人身上的闪光点，鼓励每个人发挥自己内在的潜力。这种善良的领导方式看似柔弱，实则蕴含着强大的凝聚力。它能够激发团队成员内心深处的积极性和创造力，让整个团队在和谐共生的氛围中朝着共同的目标前进。在这种环境下，善良成了一种无形的资产，一种比权力和财富更具有价值的资源。

哲学视域下的心灵护盾与美好磁场

从哲学层面来看，善良是一种对生命本质的回归。有品位的女人懂得，生命的起点是纯粹而善良的。她们通过保持善良，在喧嚣的世界中寻回生命的本真。善良成了她们抵御世俗侵蚀的护盾，也是她们吸引美好事物的磁场。这种磁场并非一种虚幻的神秘力量，而是源于她们内心深处的和谐与稳定。当一位女人以善良为核心塑造自己的灵魂时，她所散发出来的气息是平和的、包容的和充满爱意的，这种气息如同磁石一般，吸引着周围的人和事向她靠拢，形成一个充满善意的生态。

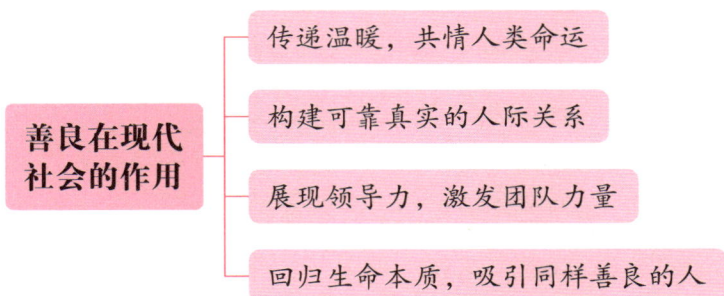

善良在现代社会的作用
- 传递温暖，共情人类命运
- 构建可靠真实的人际关系
- 展现领导力，激发团队力量
- 回归生命本质，吸引同样善良的人

做一位有品位的女人，就是要将善良融入生命的每一个细胞中，让它

成为一种本能反应和价值取向。在这个过程中，善良不再是一种简单的行为，而是一种深刻的生命态度，一种塑造品位的核心元素。它如同一道坚固的护身符，守护着女人的灵魂，吸引着美的眷顾，成为这个世界上一道独特的风景线。

女 性 *成长小建议*

> 有品位的女人懂得用善良去对待世界，也因此收获了生活中的美好。在人际交往中，她们不会计较一时的得失，而是以宽容和理解的心对待他人。面对他人的过错，她们不会恶语相向，而是用善良的话语去化解矛盾。因为她们知道，善良不仅是一种选择，更是一种修养。

世界上最贵的税，叫作认知税

有一种无形却又无比沉重的"税负"，它悄然影响着我们的人生轨迹，那就是认知税。知识并不等同于智慧，只有能够真正洞察世界本质并做出明智决策的能力，才是一个人最宝贵的财富。对于有品位的高段位女人而言，她们不仅在物质层面追求卓越，更在精神层面上不断提升自我。这种提升的过程，实际上是在为自己的认知买单。正如经济学家所说，"世界上最贵的税，叫作认知税"，我们一辈子都在为自己的认知买单，而这种"税"往往决定了我们的生活质量和发展高度。

认知税是因自身认知局限而付出的代价

我们的每一个决策、每一次选择，都像是在认知的版图上行走。当认知狭隘时，我们可能会踏入看似平坦实则暗藏陷阱的道路，从而付出巨大的代价。这种代价可能是时间的浪费、机会的错失，甚至是情感和财富的损失。就如同在投资领域，有些女性仅仅因为对金融知识和市场趋势的认知不足，便盲目跟风投资，最终血本无归。她们以为自己抓住了赚钱的机会，实则是被自己有限的认知所误导，为认知税买了单。

不被表象迷惑，用认知提升判断

有品位的高段位女人深知，提升认知是摆脱这种"税负"的核心。她们不会被表面现象迷惑，而是努力挖掘事物的本质。在面对复杂的人际关系时，她们不会仅凭第一印象或流言蜚语来评判他人。

有一位高段位的女性领导者，在团队中遇到了一位被众人抱怨"难相处"的成员。然而，她并没有轻易认同这种观点，而是通过深入观察和交流，发现这位成员其实对工作有着极高的要求，其"难相处"的表象下是对专业的执着和对品质的追求。于是，她调整了管理方式，充分发挥这位成员的优势，这个举措不仅让团队氛围更加和谐，还提升了工作效率。她没有被大众的认知影响，避免了因错误判断而可能造成的团队危机，这就是高认知带来的优势。

摆脱浅尝辄止，追求深度认知

高段位的女人会广泛涉猎不同领域的知识，从文学艺术到科学技术，从历史文化到心理学，这种丰富的知识储备就像为她们打造了一副多维度的眼镜，让她们能从不同的角度审视世界。

有品位的女人明白，仅仅停留在表面的了解是远远不够的。她们愿意投入大把的时间和精力，深入研究自己感兴趣的领域，无论是艺术、文化、科技还是商业，这种深度的认知不仅是为了增加谈资，更重要的是能够帮助她们形成独立的见解，使之做出更加理性和有效的决策。例如，一位在金融行业工作的女人，如果仅仅满足于掌握基本的投资知识，可能会错失很多投资良机；如果她愿意深入学习宏观经济趋势、市场心理分析等深层次的知识，就能在投资决策上更加精准，从而获得更高的回报。

认知税虽然昂贵，但带来的回报同样丰厚

高段位的女人善于从经验中学习，无论是成功的经验还是失败的经验。

每一次的经历都是一次认知升级的契机，她们会反思自己在决策过程中的思维模式，分析哪些思维模式受到了认知局限的影响。就像一位创业成功的女人，在回顾自己的创业历程时，意识到最初在市场定位上的失误是由于对目标客户群体的认知不足。她没有回避这个错误，而是将其作为宝贵的经验，在后续的业务拓展中更加注重市场调研和客户分析，从而使企业不断发展壮大。

有品位的高段位女人懂得，认知税虽然昂贵，但它带来的回报同样丰厚。通过不断学习和提升，她们不仅能够在职场上取得成功，更能在生活中找到属于自己真正的幸福。

现代成功女人的自立支点

- 阅读经典：通过阅读哲学、文学、历史等领域的经典作品，丰富自己的思想内涵，提高自己的人文素养
- 跨界交流：与不同行业的人士交流，拓宽自己的视野，激发新的灵感
- 实践应用：理论知识需要通过实践来检验和巩固，将所学知识应用于实际工作中，从而实现自我价值的最大化
- 反思总结：定期对自己的工作和生活进行反思，不断优化自己的认知模型

我们的一生都在这个认知的战场上拼搏，高段位的女人选择用知识、经验和智慧武装自己，不断突破认知的局限。她们以高段位的姿态，避开认知的陷阱，使她们向着更加自由、丰富和有价值的目标前行，成为众多女人中学习和效仿的典范。她们用自己的行动诠释，只有不断提升认知，才能在这纷繁复杂的世界中真正掌握自己的命运。

女 性 *成长小建议*

　　认知是解锁人生无限可能的一把钥匙。在岁月中不断求索、勇于突破自我的你，终将收获属于自己的辉煌。记住，每一次自我超越都是向梦想迈进的一大步。保持好奇心、拥抱变化，用不懈的努力浇灌智慧之花，你会发现，世界的广阔远超于想象。让我们以高瞻远瞩的姿态，勇敢地迎接每一天。

第五章

女人的进退之道：
懂人心，更要会博弈

在纷繁复杂的人际交往中，高段位的女人懂得如何在进退之间游刃有余。本章节将带领您探索在社交与博弈中的智慧艺术，从看透人性到巧妙应对，从语言沟通到策略选择，全方位地解析如何在社会交往中既不失风度又能够保护自己。通过掌握这些技巧，您将学会在各种场合中应对自如，成为真正懂人心、会博弈的智慧女人。

看透不说透，是成年人最高级的修养

在复杂的人际交往和生活情境中，女人面临着无数需要抉择的时刻，而其中的进退之道蕴含着深刻的智慧。有一种修养那便是看透不说透。这不仅是一种处世态度，更是成年女人展现出的一种高境界修养，宛如深谷幽兰，散发着淡雅而持久的芬芳。

看透是一种敏锐的洞察力

女人天生具有细腻的情感和敏锐的感知能力，她们往往能够在细微之处发现事情的真相、他人的心思。在家庭聚会中，她们可能一眼就能看出亲戚之间看似和谐表象下的微妙矛盾；在工作场合中，也能洞悉同事之间竞争背后的复杂人际关系。这种看透，是基于对人性、情感和环境的深刻理解。

不说透是对他人的尊重

然而，看透不说透才是真正考验修养的关键。很多时候，真相就像一把双刃剑，一旦说出口，就可能伤害他人的自尊心，破坏现有的和谐氛围。比如在一个公司会议中，如果女领导当场指出两位下属之间的矛盾，可能会让他们陷入尴尬，甚至使整个团队的气氛变得紧张起来。相反，她选择了温和地引导讨论，将话题聚焦在如何优化方案上，巧妙地化解了潜在的冲突。这种看透不说透不是逃避，也不是懦弱，而是一种心怀慈悲的包容。

"看透不说透"并不是指沉默寡言或者是刻意隐瞒，而是在适当的时候保持一种冷静客观的态度，不去轻易评判或是揭露他人不愿公开的秘密。这种做法体现了一个人的成熟与理智，也是对他人隐私和尊严的尊重。在职场、家庭乃至社交中，能够做到这一点的女人往往能够更好地处理各种关系，为自己赢得更多的尊重与信任。

平衡真实与和谐的艺术

除了在职场和家庭中的应用，看透不说透更是一种平衡真实与和谐的艺术。它要求我们不仅能够准确地判断事物的本质，还能恰当地处理好这些信息，使之服务于更长远的目标而非眼前的争执。在社交场合中，善于运用此策略的女性会在不影响整体氛围的前提下，给予需要帮助的朋友适当的提示，而不是当众指出其错误。这样的做法既维护了朋友之间的面子，又达到了提醒的目的。

"看透不说透"背后的心理机制

从心理学的角度来看，"看透不说透"体现了一个成熟个体对于自我与他人界限的清晰认识。这意味着女人在处理人际关系时，能够区分自己的情感需求与他人的感受，并在这两者之间找到一个健康的平衡点。这种心理机制不仅有助于建立和谐的人际网络，还能够促进个人的心理健康，减少不必要的压力和焦虑。

以优雅与智慧化解职场财务风波

晓琳是一位在知名公司工作的女性高管，她以其卓越的专业能力和高情商在公司内外享有盛誉。有一次，公司的财务部门出现了一些问题，而这些问题直接影响了公司的运营。作为公司高管，晓琳很快就发现了问题所在，并且意识到如果直接指出问题，可能会引发内部的恐慌和不满，甚至可能导致部分同事失业。但是，如果放任不管，问题只会越来越严重。

于是，晓琳采取了一种更为巧妙的方式。她私下与财务部门负责人进行了沟通，表达了自己对现状的担忧，并提出了一些合理的建议。同时，她也鼓励对方主动向更高层的管理人员反映情况，以便及时解决问题。由于处理得当，最终问题得到了妥善解决，而晓琳的做法也赢得了同事们的赞赏。

这则故事告诉我们，"看透不说透"并不意味着逃避责任，而是在合适的时间用合适的方法去解决问题。

实践"看透不说透"的策略

提升观察力：培养敏锐的观察能力，能够在不经意间捕捉到他人的真实想法和情感变化。这需要在平时多加练习，留心观察周围环境的变化以及人们的言行举止。

掌握分寸感：在与他人交往时，懂得把握分寸，既不盲目介入他人的是非，也不完全置身事外。要学会适时地给予支持与帮助，但同时要避免过度干涉。

　　培养同理心：设身处地地为他人着想，理解他们的立场和难处。这样可以在必要时提供恰当的帮助，而不是简单粗暴地提出批评或者指责。

　　保持开放的心态：即使已经对某些事情有了自己的判断，也不要急于下结论。保持一颗开放包容的心，给他人解释的机会，也给自己重新审视问题的角度。

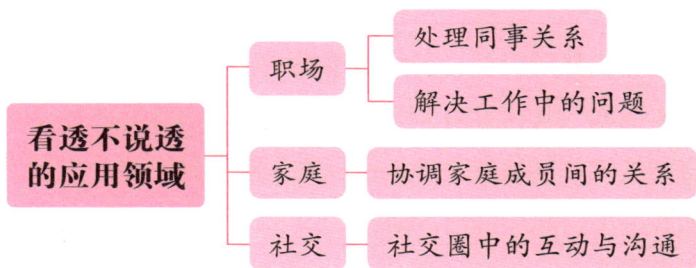

```
看透不说透 ── 职场 ── 处理同事关系
的应用领域         解决工作中的问题
            ── 家庭 ── 协调家庭成员间的关系
            ── 社交 ── 社交圈中的互动与沟通
```

　　女人的这种进退之道——看透不说透，是一种在岁月中修炼而成的修养。在这个过程中，我们需要不断提升自己的洞察力、控制力以及同理心，以便在复杂多变的社会环境中找到属于自己的位置，以实现个人的成长与发展。

　　它让女人在面对纷繁复杂的世界时，能够游刃有余地处理各种人际关系，保护他人的情感世界，同时让自己的内心更加从容和淡定。它是一种不张扬的智慧，一种默默守护的善良，是成年女人在人生旅程中展现出的最高级的修养，如同夜空中最亮的星，不仅照亮自己，也温暖他人。

女性成长小建议

　　通过"看透不说透"这种平衡的艺术，我们不仅能够在职场、家庭和社会中建立起和谐的关系网，成为他人眼中的智者，更能在面对生活的种种挑战时，内心充满力量，展现出真正的优雅与自信。

长得好看，不如说得好听

在这个视觉主导的时代，美貌似乎被赋予了极高的价值。然而，真正高段位的女人深知，长得好看只是一时的优势，说得好听才是纵横人生的利器。语言的艺术如同魔法一般，可以在人际交往、事业发展乃至情感维系中为女人开辟出一片广阔的天地。

用言语的力量打开机遇之门

说话好听并非指花言巧语，而是懂得如何运用恰当的言辞表达自己的观点、情感和意图。高段位的女人善于运用语言来展现自己的智慧与魅力。在商业谈判桌上，她们能够清晰且有条理地阐述方案，用温和而坚定的语气说服对方，让看似棘手的合作变得水到渠成。

一位著名的商业女强人，在面对由众多男性主导的商业竞争环境时，凭借其犀利又充满智慧的言辞，为企业争取到了无数的机会。她在阐述企业的发展战略和产品优势时，那种自信和专业通过言语传递了出来，让合作伙伴和消费者都为之折服。她的话语不是空洞的吹嘘，是基于对产品和市场的深刻理解，这使她在商场中如鱼得水，成为无数人心中敬佩的对象。

　　这种通过言语创造机遇的能力，源于她们对知识的积累和思维的深度。高段位的女人明白，言之有物是说话好听的基础。她们通过不断学习各个领域的知识，无论是政治、经济、文化，还是科技，以便在交流中能够旁征博引，使自己的话语更具有说服力。同时，她们还注重逻辑思维的训练，确保自己所表达的内容条理清晰，不会让听众产生困惑。

进退自如，话语中的分寸感

　　在说话时，高段位的女人掌握着微妙的分寸。她们知道何时该进，用言语积极争取；她们更知道何时该退，保持沉默或委婉表达。在社交场合中，面对不同的观点和意见，她们不会急于反驳，而是先耐心倾听。当表达自己的看法时，也不会强行灌输，而是以一种商量的口吻，像是在分享一个有趣的发现。

　　比如在一次行业研讨会上，有一位年轻的女企业家，在面对前辈提出的与自己略有不同的观点时，她微笑着说："您的观点真的给了我很大的启发，就像打开了一扇新的窗户。我这里也有一个想法，或许可以作为一种补充，不知您怎么看呢？"这种表达方式既尊重了前辈，又巧妙地提出了自己的观点，让整个会议的交流气氛轻松愉快，同时也展现了她高超的情商和语言技巧。

在更复杂的情境中，比如职场竞争或利益冲突时，高段位女人的言语分寸更是体现得淋漓尽致。她们不会为了一时之快而口出恶言，损害自己的形象和人际关系。相反，她们会巧妙地运用语言来化解矛盾，寻求共赢。在情感关系中，她们同样如此。和伴侣相处时，她们不会因为一时的冲动而口不择言，而是懂得用温和的话语表达自己的需求和不满，维护感情的和谐。这是因为她们深知，言语一旦出口，就像射出的箭，难以收回，所以必须谨慎对待。

用语言艺术打造优质的人际关系与积极氛围

语言是连接人与人之间的桥梁，高段位女人深知这一点，她们用真诚的赞美拉近与他人的距离。在公司里，她们会尊重同事们的努力和成果，及时送上一句温暖的夸奖："你这个方案做得太棒了，那个创意简直是神来之笔，我得向你学习。"这种赞美不是敷衍，而是发自内心，让同事感受到被认可和被尊重。

在和朋友相处时，她们也是善于倾听和鼓励的角色。当朋友遇到困难时，她们会说："我知道你现在很难，但是你要相信自己的能力，你之前克服过那么多困难，这次也一定可以的。而且不管怎样，我都在你背后支持你。"这些话语不仅给人以力量和希望，也让她们周围聚集了一群真挚的朋友。

此外，高段位的女人还善于通过语言营造一种积极向上的氛围。在团队合作中，她们会用充满激情的话语激发大家的斗志，比如"我们这个团队就像一艘勇往直前的战舰，每个人都是不可或缺的一部分，只要我们齐心协力，就没有什么目标是不能实现的！"这种积极的表达能够增强团队凝聚力，提高团队的工作效率。她们懂得，良好的人际关系不仅是一对一的交流，更是在群体环境中营造和谐氛围的能力。

```
                    ┌─ 通过智慧的言辞为自己争取机会
                    │
                    ├─ 学习各领域知识以增强说服力
                    │
   会说话的          ├─ 巧妙地化解矛盾，维护感情和谐
   积极作用          │
                    ├─ 建立优质的人际关系
                    │
                    ├─ 营造积极氛围，增强团队凝聚力
                    │
                    └─ 提升个人魅力，展现高情商和智慧
```

总之，对于高段位的女人来说，说话好听是一种能力，更是一种艺术，它关乎智慧、情商和修养。在人生的舞台上，她们凭借这一独特的技能进退自如。长得好看或许能暂时吸引别人的目光，但说得好听能让她们在岁月的长河中持续闪耀，成为真正令人钦佩的有魅力的女人。

女性 成长小建议

　　即使没有出众的外貌，但说得好听也能成为你独特的优势。在人生的每个阶段，精准而富有魅力的语言能够为你赢得更多机遇和尊重。通过语言展现你的智慧与内涵，不仅能够弥补外表的不足，更能够让你在各种场合中脱颖而出，自信地迈向成功与幸福。

学会用"拖延术"来拒绝他人

人与人之间的交往如同繁星交织，编织出复杂而绚烂的关系之网。在这张网中，高段位女人宛如拥有独特魔法的精灵，她们以一种微妙而深邃的方式——"拖延术"，应对来自他人的种种诉求，这看似简单的策略背后，实则是一种超越世俗理解的拒绝智慧。

对于很多人来说，拒绝是一件非常棘手的事情。直接拒绝可能会破坏关系、引发冲突或让人背负愧疚感，而高段位的女人深知，"拖延"并非消极地逃避，而是一种艺术化的处理方式，能够在维护自身边界的同时，尽可能地减少对他人的伤害。

拖延式拒绝是一种以柔克刚的策略

拖延式拒绝就像太极拳中的招式，看似缓慢柔和，却能巧妙地化解对方的攻势。这并非时间维度上的简单延缓，而是一种基于对人性、社会角色以及自我认知的深度理解所衍生出的策略。它如同古老哲学中的辩证法，在肯定与否定之间寻找平衡，在满足他人期待与坚守自我之间开辟出一条幽静的小径。高段位女人深知，每一个来自外界的请求都像一颗投入心湖的石子，随时都可能激起千层浪，扰乱自己内心的宁静秩序。因此，她们以"拖延"为舟楫，在那可能发生的波澜中稳住身形。

用"拖延"之术化解尴尬

在情感这个领域当中，高段位女人同样运用"拖延术"展现出拒绝的艺术。面对不契合灵魂的追求者，她们不会以冷漠的拒绝之墙将对方阻挡，而是以一种温和的"拖延"之术来化解可能的尴尬与伤害。比如，面对热情的表白，她可能会说："爱情是一首悠扬的乐章，我们需要时间去聆听其中的旋律是否和谐。此刻，我更希望我们能在各自的音符中沉淀，然后再去探寻能否合奏出美妙的音乐。"这样的回应既给予了对方尊重，又巧妙地为自己保留了情感的独立空间。

拒绝背后的价值，坚守自我价值

从更深层次来看，"拖延"式拒绝是一种对自我价值的坚守。高段位女人清楚自己的能力边界和时间价值，她们不会为了迎合他人而随意答应那些会消耗自己精力和资源的事情。

一位著名的女企业家经常收到各种商业合作的邀请，其中有一个项目看似很有前景，但需要投入大量的时间和精力，而且与她公司的长期战略方向并不完全契合。对方很急切地希望得到她的答复，进行了多次催促。但她没有被对方的热情和压力影响，只是温和地表示需要深入评估和团队讨论。在拖延的这段时间里，她对项目进行了详细的调研和分析，同时让对方感受到她对待决策的慎重态度。最终，她拒绝了这个项目，因为她发现其中隐藏的风险可能会损害公司的利益。她的这种拖延式拒绝不仅保护了自己的企业，也让对方认识到她是一个有原则、对自己和合作伙伴负责的人。

这看似模糊的回应，实则是一种对局势的精准把控。高段位女人在为自己争取时间的同时，也向对方传达了一种谨慎对待的信号。这种"拖延"并非推诿，而是一种认真思考的过程。在这段时间里，她会深入剖析合作背后的利与弊，考量双方价值观与目标的兼容性，就如同一位技艺精湛的棋手，在落子之前，已在心中预演了无数种棋局变化。

高段位女人对抗社会枷锁与善用分寸的艺术

"拖延术"还是一种对社会期望的巧妙回应。社会常常对女人有着各种各样的预设和期待，这些无形的枷锁试图束缚女人的选择。高段位女人却能以"拖延"为武器，打破这种束缚。当外界期望她们按照传统模式做出选择时，她们会以时间为缓冲，重新审视这些期望是否符合自己的内心真实。在这个过程中，她们不会被外界的舆论压力左右，而是以一种坚忍的姿态，在社会的大舞台上展现出自己独特的价值取向。

然而，"拖延术"的运用需要把握好度。高段位女人不会让拖延变成

一种敷衍或者无限期的推诿，那样只会损害自己的信誉和形象。她们会在适当的时候给出明确的答复，无论是接受还是拒绝，都会让对方感受到尊重。

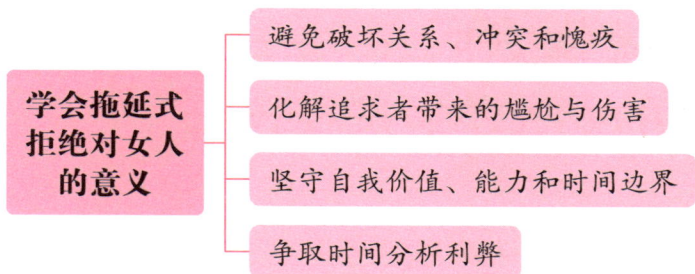

学会拖延式拒绝对女人的意义
- 避免破坏关系、冲突和愧疚
- 化解追求者带来的尴尬与伤害
- 坚守自我价值、能力和时间边界
- 争取时间分析利弊

高段位女人的"拖延"之术，是一种融合了智慧、同理心与自我坚守的艺术。它如同宇宙中的暗物质，虽然无形，但有着巨大的力量，影响着人际关系的引力场。它让女人们在面对纷繁复杂的世界时，能够在尊重他人与守护自我之间找到完美的平衡点。在这条由智慧铺就的道路上，她们留下的每一个脚印都深刻而清晰，成为一种魅力与能力并存的标识，向世界展示女人在处理人际关系时独特而卓越的智慧光芒。

女性 成长小建议

高段位女人以"拖延"之术在纷繁世事中优雅穿梭，她们用智慧与同理心演奏人际关系的和谐篇章。面对请求与追求，赋予时间以思考的重量，于婉转中坚守自我边界。

拒做"端水大师"：
高段位的女人不做选择题

如今，女人不再局限于传统角色，而是追求更加多元的生活方式和个人发展。然而，在追求平等和独立的过程中，一些女人可能会陷入另一种形式的困境——成为所谓的"端水大师"，即在关系中不断妥协、讨好他人，试图维持平衡而不伤害任何人。这样的行为模式看似是为了和谐，实则是在不断地削弱自我价值，最终导致自己疲惫和不满。因此，高段位的女人应该学会拒绝"端水大师"的角色，掌握进退之道。

不做选择题是对自我价值的坚守

高段位的女人深知自己的价值所在，不会在外界的诱惑或压力下，轻易地陷入两难或多难的选择困境。她们不会为了迎合他人的期待或者遵循传统的观念，而放弃自己内心真正的追求。

比如，在事业和家庭之间，许多女人常常被要求做出选择，仿佛两者是不可调和的矛盾。然而，高段位的女人并不这样认为。她们明白事业是实现自我价值的重要途径，能够展现自己的能力和才华，为社会创造价值；而家庭则是情感的港湾，给予自己温暖和支持。她们不会在"要事业还是要家庭"这样的问题上纠结，而是努力去寻找平衡两者的方法，因为她们拒绝接受这种非此即彼的设定。

　　艾米丽是一位在商业领域颇具影响力的女人。在她职业生涯的一个重要阶段，面临着一个艰难的选择。公司准备拓展海外市场，而她是负责这个项目的核心人员之一。与此同时，她的家庭也需要她的陪伴，孩子面临升学的压力，丈夫的工作也处于忙碌阶段。如果按照传统的观念，她似乎要在事业和家庭之间做出选择。

　　然而，艾米丽并没有陷入这种困境。她与公司高层沟通，调整了自己的工作安排，利用现代科技手段远程参与项目的重要决策和关键环节。在家庭方面，她和家人坦诚交流，鼓励孩子独立发展，同时合理安排时间，和丈夫共同分担家庭责任。她没有在事业和家庭之间"端水"，也没有做选择，而是创造了一种全新的模式，让两者都能兼顾。最终，海外项目取得了巨大成功，而她的家庭也依然温馨和睦。

拒绝"端水大师"的陷阱

　　"端水大师"这一概念源于一种社会现象，指的是那些在关系中总是试图保持中立，避免冲突，哪怕这意味着牺牲自己的利益或感受。这种行

为模式的背后，往往是出于对和谐关系的渴望以及对冲突的恐惧。但是，长期下去，这种做法不仅不能带来真正的和谐，反而会导致个人需求被忽视，进而产生心理压力。

"端水大师"往往在各种关系和事务中疲于奔命，试图让每一方都满意，结果可能迷失了自己。高段位的女人拒绝这种被动的平衡游戏，在人际关系中，她们不会为了讨好所有人而压抑自己的想法和情感。

比如在社交场合，面对不同观点的碰撞，她们不会为了维持表面的和谐而盲目附和。相反，她们会以优雅而坚定的姿态表达自己的观点，尊重他人但更尊重自己。在团队合作中，她们也不会为了使每位成员都对自己满意而平均分配资源或精力，而是根据实际情况，以实现团队的效益最大化为目标，从而做出合理的决策。这种不"端水"的做法，看似会得罪一些人，但实际上赢得了真正的尊重，因为人们更敬佩那些有主见、有立场的人。

进退之间彰显智慧，摆脱束缚，成就自我

在面对各式各样的选择时，高段位女人的进退之道体现出一种智慧。进，是朝着自己的目标勇往直前，不被外界的干扰所动；退，是在必要的时候懂得迂回，以便更好地保存实力并维护自己的核心价值。她们不会在

拒绝"端水"的女人怎么做
- 尊重他人，但更尊重自己
- 根据实际情况做出合理的决策
- 不受外界干扰，维护核心价值
- 避免短期利益影响长远发展
- 用个人标准衡量生活

无关紧要的事情上浪费精力，也不会为了短暂的利益而牺牲长远的发展。在爱情中，她们不会为了迎合伴侣而失去自我，也不会在伴侣出现问题时轻易放弃，而是以一种平等、智慧的方式经营感情。在面对社会的各种评价和标准时，她们不会盲目跟从，而是用自己的标准来衡量自己的生活。

高段位的女人在生活的舞台上翩翩起舞，她们拒绝成为"端水大师"，不做那些束缚自己的选择题。她们以坚定的自我价值感、主动的处世态度和智慧的进退之道，为众多女人树立了榜样，让我们看到了一种更为自由、自信和自主的生活方式。

女 性 *成长小建议*

真正的强者从不被外界的标准定义，她们以内心的需求为指南针指领方向，不为外物所惑，不为流言所动。高段位的女人以智慧与勇气为翼，拒绝在他人设定的框架中挣扎，而是以自己独有的节奏在舞台上翩翩起舞。

如何一眼看破"塑料姐妹花"

在人与人之间的互动中，真诚与虚伪往往只有一线之隔。要想在这个游戏中胜出，不仅需要读懂他人，还需要学会在不影响自身原则的前提下，妥善处理好各种关系。

识人慧眼，洞穿"塑料姐妹花"的虚伪面具

人际关系复杂多变，有一种看似亲密实则脆弱的情谊，那就是"塑料姐妹花"般的友情。高段位的女人需要有一双慧眼，能看穿这层虚假的表象，在人心的博弈中保护自己，维护真正有价值的人际关系。

"塑料姐妹花"常隐藏在甜言蜜语和看似亲密的举动之下。她们表面上与你共享快乐、分担痛苦，但背地里可能有着完全相反的心思。这种虚假的情谊往往源于人性中的嫉妒、利益诉求或者单纯的虚荣。比如，在社交场合中，有些女人会为了显示自己的好人缘，与众多女人维持一种看似亲密的关系，然而这种关系就像泡沫，一戳就破。

留意言行不一的真相

要一眼看穿"塑料姐妹花"，首先要留意言行的一致性。真正的朋友言行如一，承诺过的事情会努力做到，而"塑料姐妹花"往往只是嘴上说得好听。她们可能在你风光时簇拥在你身边，说着各种赞美之词，可一旦

你遇到困难，需要她们伸出援手时，她们却消失得无影无踪。

　　媛媛和雅莉曾经是众人眼中的好姐妹，媛媛在工作上获得晋升机会时，雅莉在大家面前对媛媛赞不绝口，表现得无比开心。然而，当媛媛负责的一个重要项目遇到难题，向雅莉求助时，雅莉却以各种借口推脱，之前的热情和友好瞬间化为泡影。这种言行的巨大反差，就是"塑料姐妹花"的典型特征。

观察嫉妒心背后的微妙反应

　　观察嫉妒心的流露也是关键。真正的友谊是为对方的成功而高兴，为对方的挫折而难过。但"塑料姐妹花"在内心深处可能会嫉妒你的成就，她们可能会在不经意间流露出这种嫉妒，比如对你的成就轻描淡写，或者试图在你面前抬高她自己而贬低你。

在一次同学聚会上，小敏分享了自己创业成功的经历，原本热闹的氛围在她分享后突然变得有些微妙。其中，一位曾经的好友小兰看似开玩笑地说："你这就是运气好，要是我有那资源，肯定比你做得还好。"这种话语背后隐藏的就是嫉妒，是对小敏成就的一种否定，也是她们情谊虚假的表现。

利益面前的表现更是试金石

在涉及利益冲突时，真正的朋友会寻求公平合理的解决方式，而"塑料姐妹花"则会为了她们自己的利益而毫不犹豫地牺牲你。比如，在一次评选优秀员工的活动中，原本和小萱关系很好的小娜，为了自己能当选，偷偷在背后向领导打小报告，诋毁小萱，完全不顾多年的姐妹情谊。这种在利益面前的背叛，清楚地揭示了她们之间情谊的虚假本质。

高段位的女人明白，在人际关系中不能只看表面。她们懂得在与他人相处的过程中保持一份清醒，通过观察细节、分析行为来判断对方是不是真正的朋友。对于"塑料姐妹花"，她们不会浪费任何时间和精力在这种虚假的关系上，而是会果断远离，保护自己的情感和利益。

识别假闺密的方法
- 留意言行的一致性
- 关键时刻的表现
- 观察嫉妒心
- 在利益面前的表现

在人生的旅程中，我们需要的是那些能够在风雨中与我们同行，在阳光里与我们共享快乐的真正朋友。懂得看破"塑料姐妹花"是一种智慧，更是一种自我保护的方式。

在这场人心的博弈中，高段位的女人以敏锐的洞察力和果断的决策

力，为自己营造了一个真诚、有价值的人际关系圈，让自己的人生之路更加顺畅，情感世界更加纯净。只有这样，我们才能在复杂的人际关系中不被虚假表象迷惑，坚守自己的内心，与真正值得的人携手前进。真正的友谊是珍贵的财富，而识破"塑料姐妹花"是守护这份财富的重要一步。

女性 成长小建议

在人际关系的迷宫中，别因"塑料姐妹花"而让心灵之光变得黯淡。我们都应成为高段位的智者，用慧眼识破虚伪，用坚强守护真心。每一次挫折都是一次成长，每一次识破都是在向真友谊靠近。让我们在这复杂的世界里保持一份清醒，拥抱珍贵的情谊。

选错了，没有必要一遍遍地后悔

我们每天都在不断地做出选择。每一个选择都像在命运的棋盘上落下一枚棋子，或轻或重、或明或暗地影响着我们后续的人生轨迹。而有一种女人，她们站在高段位之上，洞悉人心，明白一个深刻的道理：选错了，没有必要一遍遍地后悔。

超越后悔，从选择中成长

后悔是一种极具腐蚀性的情绪。它如同隐匿在暗处的藤蔓，悄无声息地缠绕着我们的心灵，逐渐收紧，让我们在自我折磨中无法自拔。高段位的女人深知，一旦陷入后悔的旋涡之中，就如同陷入了泥泞的沼泽，越挣扎只会陷得越深。因为她们明白，人生本来就是由无数个选择交织而成的复杂画卷，没有任何一个选择可以完全预知结果。

选择不仅是一种权利，更是一种责任。无论是选择职业、伴侣，还是生活方式，每一次选择都在塑造我们的未来。有时候，我们会发现最初的选择并不适合当下的自己。这时候，后悔的情绪便油然而生。然而，真正成熟的人不会停留在过去的错误上，她们会从中学习，调整方向，继续前进。

一次选择错误，并不意味着结束

安舟曾经是一名金融分析师，她的工作稳定，收入丰厚。然而，随着

146

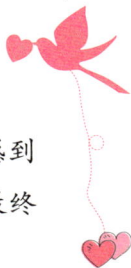

时间的推移，安冉发现自己越来越不喜欢这份工作，每天的工作让她感到疲惫不堪，她渴望能够做一些更有意义的事情。经过一番挣扎，安冉最终决定辞职，转而投身于公益事业。

刚开始的时候，安冉面临着许多挑战。她不仅要重新适应新的工作环境，还要应对来自家庭和社会的压力。在这个过程中，她也曾质疑自己的决定，甚至后悔过。但随着时间的推移，安冉逐渐找回了工作的热情，她开始享受帮助他人的成就感，并在这个过程中找到了真正的自我。

每天重复着相同的工作，让我感到疲惫不堪。我选择这份工作是对的吗？

安冉的故事告诉我们，即使最初的决定是错误的，也不意味着一切都结束了。相反，这可能是新的起点。真正重要的是，我们能否从所犯的错误中吸取教训，调整策略，继续前进。高段位的女人懂得，选择错了并不可怕，可怕的是不愿从错误中站起来，继续前行。

释怀过去，对自己温柔一些

高段位的女人知道，选择往往受到当时的信息、环境和自身认知的限制。做出选择时，她们所掌握的信息和拥有的视野决定了她们的决定在当时是合理的。而事后诸葛亮式的后悔并不能改变已经发生的事实。高段位

女人会审视当下，从已经做出的选择中吸取经验和教训，而不是一味地停留在对过去的懊悔之中。

高段位女人懂得人心，包括自己的心。她们明白后悔背后其实是对自我的不接纳。当我们后悔选错时，很大程度上是在否定那个做出决定的自己。然而，自己是一个完整的个体，有优点也有缺点，有智慧也有局限。接受自己做出了一个在当时看来可能不是最优的选择，便是走向成熟的关键一步。她们会像对待一位犯错的朋友一样，温柔从容地对待自己，而不是严厉地苛责。

豁达和幸福才是生活的主旋律

这些智慧的高段位女人还明白，后悔是对时间和精力的巨大浪费。人生是如此宝贵，每一刻都充满了可能性。如果把时间都花在后悔过去的选择上，就会错过眼前正在展开的新机遇。就如同我们在赶路，如果一直回头看走过的弯路，就可能会错过前方美丽的风景和新的岔路口。她们把目光坚定地投向未来，将精力投入创造新的选择和可能性中。

实际上，她们在情感方面也是如此。也许在爱情里，她们曾经选错了伴侣，经历过痛苦的感情，但她们不会让后悔成为生活的主旋律。她们会从这段经历中学习如何更好地理解人与人之间的关系，明白自己在感情中真正需要的是什么。然后，带着这些宝贵的经验，勇敢地迎接下一段感情，而不是沉浸在对过去错误选择的追悔中，错过可能真正属于自己的幸福。

	认识后悔的本质
	分析错误的原因，吸取经验教训
高段位女人如何应对错误选择	调整与行动，寻找新的机会
	自我接纳与宽容
	不沉溺于后悔之中，有效利用时间与精力

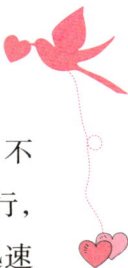

对于高段位女人来说，每一个选择都是人生的一次历练。选错了，不过是在历练中遇到了一个小坎坷。她们会拍一拍身上的尘土，继续前行，因为她们深知，人生的精彩并不在于永不犯错，而在于能够从错误中迅速爬起，不被后悔羁绊，始终朝着心中的那片光明前行。

她们以一种豁达、睿智的心态面对人生的选择，成为那些在生活中迷茫、深陷后悔泥沼之人的明灯，指引着人们向着更积极、要自由的人生方向迈进。让我们努力成为这样的高段位女人，放下后悔，拥抱充满希望的未来。

女 性　成长小建议

亲爱的你，我们每个人都会有选错的时候，但别让后悔成为枷锁。我们应犹如无畏的飞鸟，即便遇到逆风折翅，亦能重展羽翼翱翔。接受不完美的自己，从错误中汲取养分。只有意识到每一次错误的选择都是成长的契机，才能向着阳光无畏前行。

善于为自己打造人设，最大化自身利益

有一种女人宛如棋局中的高手，总能巧妙地为自己打造人设，进而在各种情境中最大化自身利益。这种人设绝非简单的伪装，而是一种高段位的智慧运用，如同披上了一件精心挑选的华丽战袍，帮助她们在人生的战场上纵横驰骋。

巧妙塑造人设，赢得更多资源与机会

人设即个人形象的设定，是一种策略性的自我呈现方式。它不仅关乎外貌和衣着，更涉及一个人的价值观、行为模式和沟通技巧。一个精心设计的人设，可以帮助女人在职场和社交圈中树立正面的形象，从而获得更多人的信任和支持。

懂人心的高段位女人深知人设的重要性。人设是外界眼中的自己，是一种形象的塑造。对于她们而言，维护好这个形象就如同守护珍贵的宝藏。她们精心研究周围人的喜好和期待，塑造出一个能让他人欣然接受的自己。这个自己或许是温柔善良的知心姐姐，或许是雷厉风行的职场精英，又或许是高雅脱俗的文艺女神。但无论是何种人设，都是为了满足目标受众的心理需求，从而为自己赢得更多的资源和机会。

危机中的优雅舞者，用人设化解公关危机

有一位名叫林萱的女企业家，在商业领域，竞争残酷且复杂，稍有不慎便可能陷入困境。林萱深知这一点，她为自己打造的是坚韧不拔、诚信可靠且极具亲和力的企业家人设。对内，她总是以温和而坚定的态度对待员工，关心他们的生活和工作，让员工感受到家的温暖，这使员工们对她忠心耿耿，为公司全力以赴地工作。对外，面对合作伙伴和客户，她展现出卓越的专业素养和诚信品质。无论是在商务谈判之中，还是在社交场合，她总是能巧妙地把握节奏，用自己的魅力和能力赢得他人的尊重与信任。

有一次，公司遭遇了严重的公关危机。一款新产品被竞争对手恶意抹黑，市场上出现了大量负面消息，公司的声誉和销售业绩都受到了巨大冲击。在这个危急时刻，林萱所打造的人设发挥了关键作用。她迅速组织团队应对，亲自出面与各方沟通。她的诚信形象使合作伙伴没有轻易动摇，

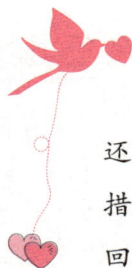

还继续给予其支持；她的亲和力使消费者愿意倾听她的解释。她积极采取措施解决问题，展现出坚韧不拔的一面。最终，公司成功渡过了危机，挽回了声誉，还因这次事件提升了品牌知名度。林萱凭借人设，巧妙地避开了所有的陷阱，全身而退。

这些高段位女人之所以善于打造人设，是因为她们深刻懂得人性的弱点和需求。人是社会性动物，往往会根据第一印象和固有认知来评判他人。一个符合大众期待的人设能够迅速拉近与他人的距离，减少沟通成本和阻力。同时，在遇到困难和危机时，人设就像一道坚固的防线，使她们免受过多的伤害。

高段位女人的生存发展王牌与动态调整艺术

然而，这并不意味着她们是虚伪的。她们只是掌握了在复杂的社会环境中生存和发展的技巧。她们明白，人生就像一场漫长的博弈，而人设是

如何打造有效的人设

- 自我认知：明确自己的优势和劣势，只有深入了解自己，才能打造出既符合自身特点又能吸引他人的形象

- 目标定位：不同的目标需要不同的人设策略。如果你想在职场上取得成功，那么专业、干练的形象可能更为适合；如果你希望在社交圈中受欢迎，那么亲和力强、乐于助人的形象则更为重要

- 细节决定成败：人设的构建在于细节。从穿着打扮到言谈举止，每一个小细节都可能影响他人对你的看法

- 灵活应变：根据不同的场合和人群调整自己的形象，既能保持一致性，又能展现出多面性

自己手中的一张王牌。通过维护良好的形象，她们可以更好地保护自己，获取更多的利益，从而实现自己的目标。

在这个过程中，她们也在不断地调整和完善自己的人设。因为她们知道，时代在变，人心在变，只有与时俱进，才能让自己的人设始终具有吸引力。她们像在大海中航行的舵手，会根据风向和海浪的变化，灵活地调整航向，确保自己的船只能够安全、顺利地驶向目的地。

在人设中保持自我

懂人心的高段位女人善于通过打造人设来最大化的实现自身利益，这是一种生存的智慧，是一种在复杂世界中自我保护的艺术。她们用自己的方式在人生的舞台上演绎着精彩，让我们看到了人性、智慧与利益之间微妙而又深刻的关系。我们可以从她们身上学到：在这个纷繁复杂的社会中，要善于洞察人心，巧妙地运用智慧，为自己创造更多的可能性和发展空间。

同时，我们也应该明白，人设虽好，但不能失去自我的本真。真正的高段位女人是在维护人设的同时，也能坚守自己的内心，让两者相互融合，这样才能在未来人生的道路上走得更加稳健、长远，在追求利益的同时，也不迷失在人设的迷宫之中。

女 性 *成长小建议*

人生之路布满荆棘与鲜花。人设是我们的羽翼，帮助我们飞越困境之渊；是我们的画笔，绘出希望之图。让我们以真诚为魂，智慧为骨，勇敢地雕琢自己，向着璀璨未来振翅翱翔，永不言败。

第 六 章

活在当下，
享受你的高光时刻

　　活在当下不仅是对眼前美好瞬间的珍视，更是勇于面对内心深处最真实的自我，无惧外在世界的评判与眼光。真正的勇气在于聆听内心的声音，并以此导航人生的航程。我们唯有挣脱他人期待的枷锁，大胆地释放自我，才能触及生命最深层的丰盈与自由。在无拘无束的状态中，我们才能捕捉到每一个闪耀的瞬间，拥抱那些只属于自己的辉煌时刻，从而赋予生活以最真实的意义和最丰富的光彩。

做人还是要靠自己，不要把童话带到现实

你习惯于将希望寄托在别人身上吗？有这样一群非凡的女人，她们是活在当下的佼佼者，她们深知，做人得靠自己。这些活在当下的杰出女人从不会把童话带到现实，因为虚幻的童话世界一旦与现实碰撞，就会成为破碎的泡影。

远离甜蜜"毒药"，走出童话幻想

我们生活在一个信息大爆炸的时代，周围充斥着各种浪漫化的故事、完美的爱情传说和不切实际的幻想。它们就像甜蜜的毒药，慢慢侵蚀着许多女人的心智，让她们陷入对童话般生活的盲目追求。然而，真正高段位的女人却能始终保持清醒，她们明白，自己才是生活的主宰，童话中的王子和魔法并不存在于真实世界，能依靠的只有自己勤劳的双手。

在人生的旅途中，依赖他人或者幻想不劳而获的幸福，就如同在沙滩中建城堡，看似美丽却不堪一击。许多女人在面对生活的困境时，总是期待着有一个如英雄般的人物出现，拯救自己于水火之中。这是一种典型的把童话思维代入现实的表现。现实是残酷的，没有谁能永远成为你的依靠。就像那些把全部希望寄托在伴侣身上的女人，一旦感情出现问题，她们的世界便瞬间崩塌。她们忘记了自己原本也可以拥有独立应对困难的能力，

她们在童话的梦境中迷失了自我。

于生活中修炼内功，铸就主宰命运的传奇

高段位的女人懂得在生活中修炼自己的内功。她们努力学习知识，提升自己的技能，在事业上拼搏奋进。

有这样一位女企业家，她的人生并不像童话一样一帆风顺。她的丈夫去世后，她并没有沉浸在悲伤和无助中，也没有期待他人的怜悯和帮助，而是独自承担起生活的重担。她毅然决然地投身于工作，从基层销售员做起。面对激烈的市场竞争和无数的困难挫折，她并没有退缩。在她的世界里，没有等待王子拯救的情节，只有自己一步一个脚印地前行。她通过自己的智慧和努力，把企业打造成一个全球知名的企业，成为商界的传奇人物。这个故事告诉我们，只有依靠自己，才能成为自己命运的主宰。

生活不是等待风暴过去，而是学会在风雨中起舞。

在人际交往中保持距离和原则

　　活在当下的高段位女人明白，感情也不能用童话的标准来衡量。在爱情中，她们不会一味地追求那种虚幻的浪漫和完美。她们知道，真正的爱情是建立在双方平等、独立和相互尊重的基础上。她们不会为了迎合对方而失去自我，更不会把对方当成自己生活的全部。她们在爱情中保持着自己的个性和空间，同时尊重伴侣的独立性。如果爱情消逝，她们虽然会痛苦，但不会因此而失去生活的方向。因为她们的世界是丰富多彩的，不是只围绕着爱情这一个主题转。

　　在人际关系中，高段位女人也不会把希望寄托在他人的恩赐和怜悯上。她们积极主动地拓展自己的社交圈子，但不是为了寻找可以依靠的大树，而是为了和志同道合的人共同成长。她们善于与人沟通合作，在团队中展现自己的价值。同时，她们也懂得在人际交往中与他人保持一定的距离，坚持原则，不会轻易被他人的言语和行为左右。她们依靠自己的判断力和价值观来筛选朋友和合作伙伴，而不会被一些表面的热闹和虚假的情谊迷惑。

将乐观融入骨血，高段位女人的人生底色

　　从心态上看，活在当下的高段位女人拥有一种坚韧不拔的乐观。她们不会因为生活中的一点儿小挫折就怨天尤人，也不会在遇到困难时幻想有神奇的力量来改变一切。她们把每一次挑战都看作成长的机遇，积极地寻找解决问题的方法。无论是经济上的困难、家庭的矛盾，还是工作上的压力，她们都能从容应对。这种乐观不是盲目乐观，而是基于对自己能力的信任和对现实生活的深刻领悟。

　　活在当下的高段位女人不仅开辟了自己前行的道路，也为周围的人带来了启示。她们用自己的行动证明，做人要靠自己，把童话留在书本里，

独立女人的处事原则	生活态度	学习知识，提升技能
	爱情观念	在爱情中保持独立，平等、独立、相互尊重
	社交原则	保持一定距离和原则，依据个人价值观筛选朋友和合作伙伴
	心态建设	保持坚韧不拔的乐观，把挑战看作成长机会

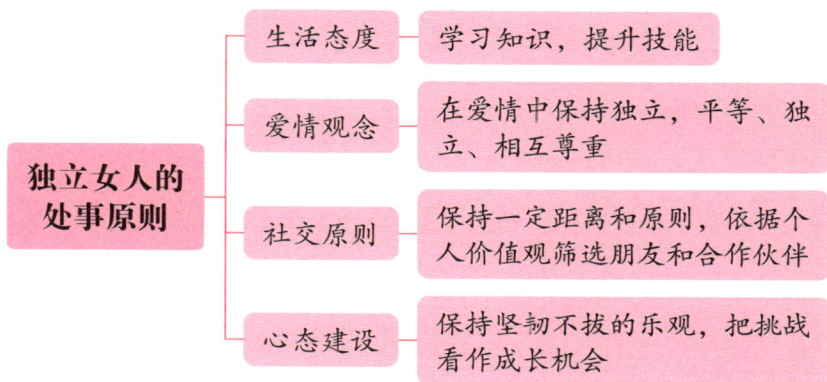

把现实紧紧地握在自己手中，这样才能在人生的道路上走得更远、更稳，创造出真正属于自己的精彩人生。她们不被虚幻的梦想迷惑，脚踏实地地向着目标前进，因为她们知道，只有自己是自己人生故事的主角，而这个故事不需要童话的装饰，只需要用自己的汗水和智慧来书写。

女性 *成长小建议*

　　不要寄希望于虚无缥缈的童话，现实中没有不劳而获的奇迹。像那些杰出的女人一样，用知识武装头脑，用技能充实双手，勇敢地面对生活的每一个挑战。记住，真正的力量源于内心，要有即使风雨交加也能翩翩起舞的勇气。

该狠心就狠心，它会使你很舒服

生活就像一个巨大的竞技场，其中有一类高段位女人，她们如同久经沙场的勇士，自带坚韧不拔又从容不迫的气质。她们明白何时应该表现出别样的狠心，这种狠心并不是残忍，而是触及灵魂深处的智慧，能使她们在人生之路上前行得更洒脱惬意。

狠心并不是冷酷无情，而是在必要时刻，能够果断地做出对自己有益的选择。这种决断力是一种智慧，它要求我们在面对困境时，能够迅速识别出哪些是对自己有利的，哪些是需要舍弃的。只有放下不必要的负担，我们才能轻装前行。

从被动到主动，狠心抉择与自我重生

林婉是一名资深的市场分析师，工作能力出众，但在感情生活中却常常陷入被动。她与男友相识多年，两人感情一直不错，但随着工作压力的增大，男友开始疏远她，经常以工作繁忙为由缺席重要的约会。林婉虽然感到失落，但她总是安慰自己，认为只要多给对方一些时间和空间，关系就会好转。

然而，随着时间的推移，男友的冷漠越来越明显，甚至在林婉最需要支持的时候选择了沉默。林婉终于意识到，这段关系已经不再健康，继续下去只会让自己更加痛苦。经过深思熟虑，她决定结束这段感情。

分手后，林婉并没有沉沦，反而更加专注于自己的事业和个人成长。

她报名参加了瑜伽课程，重新拾起了自己曾经喜欢的绘画，还结识了一群志同道合的朋友。她发现，没有了感情的牵绊，自己反而变得更加自由和快乐。她开始享受一个人的时光，更加自信地面对生活中的每一个挑战。

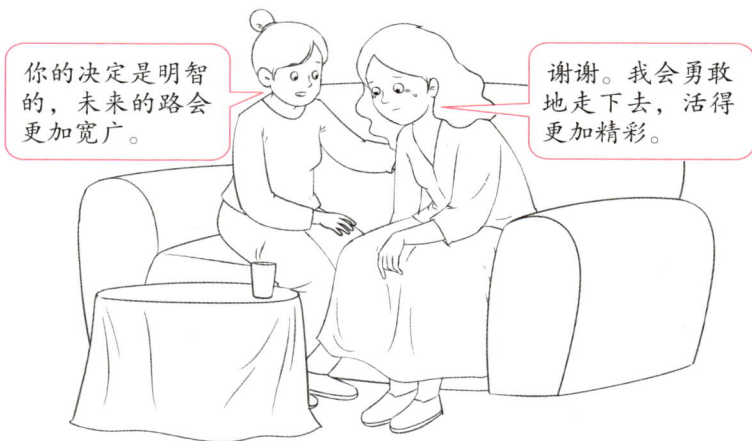

狠心是为了更好地爱自己

林婉的故事告诉我们，狠心有时候是为了更好地爱自己。当一段关系已经无法带来正能量，继续维持下去只会消耗自己。高段位的女人懂得，真正的幸福源于内心的满足和平静，而不是外在的依附。适时地放手，不仅能让自己的生活更加轻松，还能为自己腾出空间，去做更有意义的事情。

在人际关系方面，高段位的女人也展现出非凡的狠心，她们不会在虚伪的友谊中浪费时间和精力。有些社交圈子看似热闹非凡，实则充满了嫉妒、攀比和钩心斗角。高段位女人一旦察觉到这种不健康的氛围，便会果断抽身。

例如，在一个职场女人的社交群里，原本大家是为了交流工作经验和互相支持而聚在一起。但渐渐地，群里出现了一些负面的现象，有人通过故意炫耀自己的成就来打压她人，有人在背后传播不实的谣言。其中有一

位名叫苏琪的女人，在看清这些后，毫不犹豫地退出了这个群。尽管群里的一些人试图挽留她，甚至对她冷嘲热讽，她都没有丝毫动摇。她明白，真正有价值的人际关系是建立在真诚、尊重和互助的基础上，而不是在这样一个充满负面情绪的环境中。此后，她把时间和精力投入与真正志同道合的朋友的相处中，感受到了人际关系带来的温暖和力量。

狠心是突破事业瓶颈的利器

面对事业，高段位女人更是敢于狠心。这种狠心是对自身潜能的深度挖掘，是对未来可能性的无畏拥抱。

从目标设定来看，高段位女人的狠心源于对卓越的执着追求。她们不会满足于小成就带来的短暂满足感，而是将目光投向远方更高层次的目标。每一个阶段性的成果对于她们而言，都是通向更高峰的垫脚石。她们深知，若被眼前的小目标束缚，就如同陷入泥沼的飞鸟，很难再翱翔于天际。这种狠心促使她们不断突破自我，重新审视事业的边界，让目标永远像地平线一样，随着前行不断延伸。

面对舒适区的问题，高段位女人视其为事业发展的温柔陷阱。长期待在舒适区会让能力逐渐退化，敏锐的直觉变得迟钝。她们的狠心驱使她们主动打破舒适区的壁垒，去拥抱变化和挑战。她们深知，只有不断离开舒适区，才能像淬火的宝剑一样，让自己的能力和意志更加强大。这种对舒适区的果断舍弃，是她们保持事业活力和竞争力的关键，让她们在面对复杂多变的事业环境时，始终能积极应对，实现一次又一次的突破。

对自己狠心，是爱自己的最高境界

在自我成长的道路上，高段位女人对自己也非常狠心。她们不会因为

一时的懒惰或者困难就放弃提升自己。无论是学习新的语言、掌握新的技能，还是保持健康的生活习惯，她们都能坚持不懈。她们明白，只有不断地打磨自己，才能在这个竞争激烈的社会中立足于不败之地。她们会拒绝那些可能让自己堕落的诱惑，比如长时间沉迷于娱乐或者无意义的社交活动。这种对自己的狠心，其实是一种深层次的爱自己，是为了让自己变得更加优秀，更有能力应对生活中的各种挑战。

```
                  ┌─ 自我认知：了解自己的需求和底线，明确
                  │   什么是对自己好的，什么是需要放弃的
                  │
                  ├─ 情绪管理：冷静地分析问题，理性地做出
                  │   决策
                  │
  如何培养          ├─ 设定目标：为自己设定短期和长期的目
  决断力            │   标，做决定时就会更加果断
                  │
                  ├─ 勇于尝试：不要害怕失败，每一次尝试都
                  │   是成长的机会
                  │
                  └─ 寻求支持：当面临重大决策时，不妨听一
                      听身边亲友的意见。他们的视角可能会给
                      你带来新的启发
```

　　高段位女人在面对社会舆论压力时，也能展现出非凡的狠心。当我们被信息轰炸时，外界的声音很容易干扰我们的判断，但她们不会被其左右。

　　社会往往对女人有着各种各样的评判标准，从外貌到行为，从事业选择到家庭角色。比如，有人认为女人到了一定年龄就应该以家庭为重，放弃事业追求；或者对女人的穿着打扮有着狭隘的审美标准。高段位女人不会被这些舆论束缚，她们有着清晰的自我认知。她们坚信自己的价值不应由他人定义，无论是选择单身、丁克，还是追求非传统的职业道路，都能坚定自己的选择。她们果断屏蔽那些负面的评价，不被外界的舆论压力逼迫着改变自己的人生轨迹。这种在舆论风暴中的狠心，是对自我价值的捍

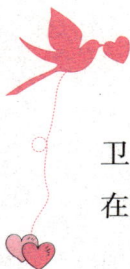

卫，让她们能够在复杂的社会环境中保持独立，朝着自己认定的方向前行，在追求自由和实现自我价值的道路上勇往直前。

　　活在当下的高段位女人，她们的狠心是一种果敢，是一种对生活和自己深刻洞察后的抉择。她们不会被情感的纠葛、人际关系的复杂、事业的安稳或者自身的惰性束缚。她们以一种看似决绝实则睿智的方式，向着更美好的生活迈进。这种狠心让她们在每一个当下都能活得真实而自在，让她们在人生的旅途中收获属于自己的舒适与满足。因为她们深知，只有在该狠心的时候不犹豫，才能真正拥抱自由、快乐和成功的人生。

女 性 成长小建议

　　适时放手，才能迎来更广阔的天空。远离负能量，才能找到真正的心灵归宿。在事业和自我成长的道路上，对自己狠心是通往卓越的必经之路。唯有如此，我们才能在每一个当下活得真实而自在，拥抱属于自己的舒适与满足。

优雅是刻在骨子里的温柔力量

对于女人而言，真正的优雅不仅体现在外貌和衣着上，更是一种刻在骨子里的温柔力量。这种力量源自内心的平和与自信，它能够让女人在任何情况下都保持从容不迫的姿态，展现出独特的魅力。

优雅是一种内心的笃定与从容

面对生活的波澜，优雅女人有着泰山崩于前而色不变的沉稳。她们不会被外界的喧嚣干扰，不会因一时的得失而慌乱。在这个快节奏且纷繁复杂的社会里，大多数人在匆忙赶路，被功利驱使，被琐事困扰。然而，高段位女人却能在这喧闹中保持一颗宁静的心。她们深知，生活是一场漫长的旅程，而不是一场争分夺秒的竞赛。

奥黛丽·赫本的一生虽起起伏伏，但她始终保持着优雅从容。在好莱坞的璀璨星光下，她没有被名利迷惑。虽然经历了两段失败的婚姻，但她并未因此而一蹶不振，反而将更多的爱投入公益事业中。

在战火纷飞的非洲，她亲赴当地，为那些受苦受难的儿童送去希望和救助。面对贫困、饥饿与疾病肆虐的场景，她眼中没有丝毫的慌乱与畏惧，而是充满了坚定与温柔。她尊重每一个生命，不论种族、贫富。在与不同人交流合作的过程中，她总是耐心倾听，用温和的态度对待每一个人。无论是在盛大的颁奖典礼上，还是在简陋的难民营里，奥黛丽·赫本都展现

出一种超脱于世俗喧嚣的宁静与优雅，她的每一个微笑、每一个举动都诠释着优雅中蕴含的温柔力量。

优雅所蕴含的温柔力量体现在对他人的尊重与理解上，高段位女人从不以尖锐的言语和傲慢的态度示人。她们懂得每个人都有自己的故事和难处，因此总是以宽容之心对待周围的人。在社交场合中，她们会认真倾听他人的话语，眼中闪烁着关注的光芒，让说话者感受到被尊重。她们的微笑如同春风拂面，能消除人与人之间的隔阂。

优雅源于自我认知与内在和谐

高段位女人的优雅还在于她们对自我价值的深刻认知。她们清楚自己的优点和不足，不会盲目跟风，也不会过度自负。她们依据自己的内心来塑造生活，而不被外界的标准绑架。她们追求的是一种由内而外的和谐与美好。有许多女人为了追求所谓的潮流，不惜改变自己的风格，甚至失去了自我。然而，高段位女人却能在时尚潮流中找到适合自己的元素，将其融入自己的风格中，展现出独一无二的魅力。她们明白，真正的美是源于

对自己的接纳和喜爱。

高段位女人的优雅是一种智慧的沉淀。她们读过的书、走过的路、经历过的事，都化为这份温柔力量的养分。在面对情感问题时，她们也有着独特的处理方式，不会因爱情的逝去而歇斯底里，也不会因友情的波折而心生怨恨。她们明白，一切情感都是生命的馈赠，即使有遗憾，也是一种别样的美好。她们在爱情中保持独立，在友情中懂得珍惜。

优雅是在困境中坚守道德底线的坚韧

在生活中，摆在我们眼前的诱惑无处不在，而优雅的女人能够坚守自己的道德底线，不为利益所动。这是一种坚韧的温柔力量。她们深知有些东西比物质利益更为珍贵，比如尊严、诚信和善良。即使面临巨大压力和困境，她们也不会放弃自己的原则。

例如，在商业竞争激烈的环境里，有一位女企业家，在同行都通过不正当手段获取订单时，她始终坚守公平竞争的原则。尽管短期内她的公司业务受到影响，但她这种优雅的坚持赢得了合作伙伴和客户的尊重。她的公司凭借良好的口碑蓬勃发展。这种在困境中对道德的坚守，是优雅的又一深刻内涵，它展现出一种超越世俗利益的温柔且强大的力量。

优雅是积极向上的生活态度的传递

优雅的女人就像一束光，能够将积极向上的生活态度传递给周围的人。她们总能看到生活中美好的一面，并用自己的行动感染他人。这种对生活的热爱和积极态度的传递，是优雅的温柔力量在社会层面的展现，能让更多人受到鼓舞，追求更美好的生活。

优雅的内涵与表现
- 面对波澜时保持沉稳，不受外界干扰
- 对他人尊重理解，宽容待人
- 了解自身优缺点，不盲目跟风
- 在困境中坚守道德底线，抵制诱惑
- 传递积极向上的生活态度

优雅是一种刻在骨子里的温柔力量。这种力量源自内心的平和与自信，表现为温柔而坚定的态度。无论是在职场还是在生活中，优雅的女人总是能以从容不迫的姿态面对各种挑战，展现出独特的魅力。让我们向这些优雅的女人学习，不断提升自己的内在品质，每一个女人都值得拥有一个优雅而美好的人生。

女 性 成长小建议

优雅是女人骨子里的璀璨之光，它是挫折前的微笑，是喧嚣中的宁静。优雅让我们用宽容书写人际关系，以坚忍抵御世俗诱惑。无论风雨几何，保持优雅，就像拥有一双隐形的翅膀，助力我们飞向精彩，成为自己的太阳。

活出自我，别被他人的眼光绑架

生活中似乎有一种无形的绳索，常常试图捆绑住女人的灵魂，那便是他人的眼光。在这纷繁复杂的世界中，无数女人或自觉或不自觉地沦为他人眼光的囚徒，然而，真正高段位的女人懂得摆脱这束缚，活出属于自己的精彩人生。

我们周围充斥着各种各样的标准和评判，从外貌的美丑、身材的胖瘦，到事业的成功与否、婚姻的状态，每一个细节都仿佛被置于放大镜下，接受着他人目光的审视。这些目光汇聚成一股强大的压力，让许多女人在追求自我的道路上踟蹰不前。

你的价值并不取决于外界的评价

在成长过程中，许多女人被他人的眼光左右。比如，小时候可能因为父母希望自己乖巧懂事，压抑自己活泼好动的天性；上学时，为了符合老师眼中好学生的标准，放弃了自己喜爱的艺术课程，整日埋头于枯燥的课业；进入职场，又为了满足同事和上司对职业女性的刻板印象，穿着并不舒适的职业装，说着言不由衷的应酬话。这些看似微不足道的选择，在日积月累下让我们逐渐迷失了自我。

高段位的女人深知人生是自己的旅程，不应被他人的眼光绑架。她们明白，每个人都有自己独特的价值和使命，这价值和使命并不取决于外界的评判，而在于自己内心的追求。

可可·香奈儿出生在一个并不富裕的家庭，在那个传统观念盛行的时代，女人的地位和角色被严格限定，但香奈儿并没有被这些束缚住。她大胆地剪掉长发，穿上男装风格的服饰，打破了当时女人的着装传统。在设计上，她更是独树一帜，以简洁、舒适的风格开创了时尚界的新纪元。她的设计理念在一开始遭到了许多人的质疑和反对，那些保守的眼光认为她离经叛道。但香奈儿不为所动，她坚信自己对于时尚的理解。她曾说："时尚易逝，风格永存。"正是这种对自我风格的坚持，让她成了时尚界的传奇，影响了一代又一代的女人。她用自己的一生诠释了什么是活出自我，不为他人眼光左右。

保持头脑清醒，孤独让你更强大

对于高段位的女人来说，活出自我意味着要有独立的思考能力。她们不会盲目跟从大众的观点，而是会深入分析、判断这些观点是否符合自己的价值观和人生目标。在面对纷繁复杂的外界声音时，她们能够保持清醒的头脑，坚守自己的信念。

同时，高段位的女人拥有强大的内心。她们不会因为他人的否定而轻

易怀疑自己，也不会因为短暂的挫折而放弃自己的追求。她们不在乎他人的眼光，只专注于自己内心的声音。在追求梦想的道路上，她们或许会孤独，但她们知道，这种孤独是成长的必经之路。

学会审视内心，不牺牲自我

在人际关系中，高段位的女人也不会为了迎合他人而迷失自我。她们真诚地对待朋友和家人，但不会为了维持关系而违背自己的原则。她们明白，真正的关系是建立在相互尊重和理解的基础上，而不是通过牺牲自我来换取。

要成为高段位的女人，我们需要学会审视自己的内心，挖掘自己真正热爱的事物。无论是艺术、文学、科学，还是其他领域，只要是自己真心喜欢的，就值得去追求。我们要敢于挑战传统观念，打破那些不合理的束缚。当我们遇到他人不理解的目光时，要像香奈儿一样，坚定地走自己选定的路。

不活在他人眼光里的女人的特点

- 价值认知：明白自身价值和使命不取决于外界评判，而在于内心追求
- 思维与心态：有独立思考能力，面对外界声音能保持头脑清醒
- 人际关系：真诚对待亲友，但不会为了迎合他人而违背自己的原则

我们的人生应该是一幅由自己创作的画卷，色彩和线条都应由我们自己来掌控。不要让别人的眼光成为画笔，在我们的画卷上随意涂抹。高段位的女人能够在自我的世界里自由驰骋，用勇气和智慧书写着属于自己的辉煌篇章。她们是生活的舞者，在属于自己的舞台上，跳出最绚烂的舞姿，不为台下的目光所羁绊，只因为她们心中有自己的旋律，那是自由与自我的颂歌。让我们都努力成为这样的高段位女人，在人生的长河中，绽放出

属于自己的独特光芒，活出真正的自我。我们的人生价值只有我们自己能够定义，而不是别人的眼光。

外界的评价如汹涌般的潮水向我们涌来，社交媒体上形形色色的言论、周围人有意无意的比较，都可能让我们心生波澜，但高段位的女人懂得为自己筑起一道精神的堤坝。

她们懂得筛选信息，对于那些毫无价值的评判只是一笑而过。面对他人对自己生活方式的质疑，比如选择单身、投身小众事业，她们不会急于辩解，因为她们清楚自己的每一个决定都源于对生活的深思熟虑。在追求梦想的道路上，她们不被他人预设的时间束缚，而是按照自己的节奏砥砺前行。

在自我成长的过程中，高段位女人会不断地自我肯定。她们每天都会给自己积极的心理暗示，告诉自己"我有权利选择自己的生活""我的选择没有错"。同时，她们也善于学习新的知识和技能，以充实自己的内心世界，让自己有足够的底气去面对外界眼光的冲击。她们用自信与从容为自己打造了一个温暖的避风港，在这里，她们可以心无旁骛地朝着自己认定的方向前行。

女 性 *成长小建议*

亲爱的你，别让他人的眼光成为束缚你的枷锁。我们的价值应该由自己定义，别因外界评判而改变自己的人生轨道。就像那些高段位的女人，她们无视质疑，专注内心渴望。每一次挫折都是成长，每一个挑战都是磨砺。

如果没有特别幸运，那就好好努力

你有没有发现，身边总有一些女人，她们散发着独特的魅力、强大的气场。她们并非拥有完美的人生剧本，她们的成功也并非来自幸运女神的眷顾，但她们在生活中始终保持着积极进取、不断前进的姿态。她们明白，如果没有特别幸运，那就好好努力。

以努力对抗命运，不依赖幸运

高段位女人深刻地明白，幸运是可遇而不可求的偶然。大多数时候，命运并不会慷慨地将成功与顺遂轻易地送到我们手中。那些幻想着依靠幸运一步登天的人，往往在现实的残酷打击下陷入迷茫。而高段位女人不会把自己的人生赌在那虚无缥缈的幸运上，她们会选择努力这条更为坚实可靠的道路。

努力是高段位女人对抗命运无常的有力武器。它不是一时的心血来潮，而是日复一日、年复一年的坚持。每一个清晨的早起，每一个夜晚的挑灯夜战，每一次面对困难的咬牙坚持，都是她们努力的印记。

以努力成就自我，在挑战中实现蜕变

有一位优秀的女演员并非出身演艺世家，也没有强大的背景和资源。从一个默默无闻的农村女孩儿，到如今的当红花旦，她走的是一条充满艰

辛和挑战的道路。没有幸运之神的眷顾，她凭借的是对演艺事业的热爱和坚持不懈的努力。从跑龙套到小配角，再到独挑大梁，她用自己的汗水和努力，一步步证明了自己的实力。她曾说过："我不相信一夜成名，只相信一步一个脚印。"正是这种踏实肯干、永不放弃的精神，让她最终赢得了观众的认可和喜爱，成了一个励志的榜样。她的故事告诉我们，高段位女人不会等待幸运降临，她们会用努力创造属于自己的幸运。

高段位女人知道，努力是自我成长和蜕变的必经之路。在努力的过程中，她们不断挑战自己的极限，挖掘自身的潜力。每一次克服困难，都是对自我的超越。这种成长不是表面的荣耀，而是内心的坚忍和智慧的积累。她们在努力中学会了独立思考，学会了应对复杂的局面，学会了在困境中寻找生机。

以自律为帆，借合作之力

在努力的征程中，高段位女人展现出了非凡的自律。自律是努力的基

石，让她们能够在纷繁复杂的世界中始终保持专注。她们不会被短暂的娱乐和诱惑迷惑，而是有着明确的目标和计划。无论是学习新知识、提升技能，还是处理人际关系，她们都严格要求自己。她们懂得时间的宝贵，不会随意浪费一分一秒。这种自律让她们的努力更加高效，让她们朝着目标稳步前行。

同时，高段位女人也明白努力不是孤立无援的单打独斗。她们善于借助周围的资源，与他人合作。她们懂得在团队中发挥自己的优势，也尊重他人的意见和建议。她们用积极的态度和优秀的品质吸引着志同道合的事业伙伴，为共同目标而奋斗。在合作中，她们不断学习他人的长处，以弥补自己的不足，从而进一步提升自己的能力。

于荆棘中奋进，以努力为刃，破命运之茧

努力的道路并不总是鲜花盛开，更多的时候，她们是在荆棘丛生的道路上，一步一个脚印地开辟出属于自己的天地。摔倒是人生旅程中不可避免的小插曲。但与常人不同的是，她们会冷静地分析失败的原因，从每一次的挫折中吸取经验教训，将这些绊脚石转化为向上攀登的垫脚石。对她们而言，挫折并非苦难的深渊，而是淬炼自身、成就卓越的熔炉。如果没有与生俱来的幸运，那么就选择在后天的努力中，雕琢出更强大的自己。

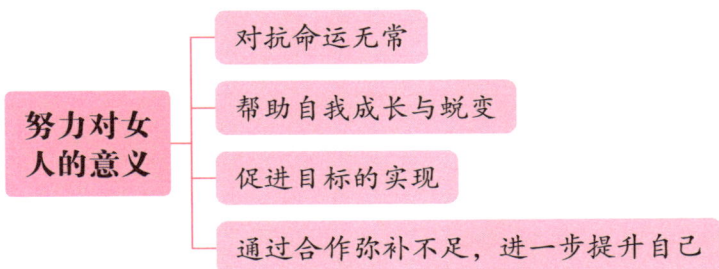

努力对女人的意义
- 对抗命运无常
- 帮助自我成长与蜕变
- 促进目标的实现
- 通过合作弥补不足，进一步提升自己

对于高段位女人来说，如果没有特别幸运，那就好好努力，这不仅是

一句口号，更是一种生活态度和人生哲学。她们用自己的行动诠释着努力的价值，在人生的道路上绽放出耀眼的光芒。她们不被外界的困难阻挡，不被命运的不公打败。她们在努力中打造了自己的高段位人生，成为无数人敬仰和学习的榜样。让我们以这些高段位女人为楷模，在没有幸运垂青的时候，就用努力铸就属于自己的辉煌未来。

女性 成长小建议

在人生之途，幸运只是偶然的一道光。高段位女人用努力书写传奇，她们不依赖虚无的幸运，在挫折中坚守，于自律中奋进，借合作之力前行。努力是她们的武器与阶梯，使她们破茧成蝶。让我们努力在荆棘中创造辉煌，成就非凡自我。

人生是场体验，很多事情不需要有意义

这个时代充满了功利色彩，人们似乎总是在追逐意义，每一个行为、每一个选择都要被赋予某种意义才能心安理得。然而，高段位的女人却懂得：人生是场体验，很多事情本就不需要有意义。这种看似洒脱的观念背后，实则蕴含着深刻的人生智慧。

无须追求意义，拥抱生命纯粹之美

我们常常陷入一种思维定式，认为只有有意义的事情才值得去做。读书是为了获取知识，工作是为了赚取财富和实现价值，社交是为了拓展人脉，一切行为都被绑上了意义的枷锁。可高段位女人明白，这种对意义的过度追求，只会让我们错过许多生命中纯粹的美好。

比如，在一个慵懒的午后，只是静静地看着窗外的树叶在微风中摇曳，听着鸟儿偶尔的啼鸣，这一时刻没有任何功利性的意义，它不会为我们带来物质的回报，也不会增加我们的学识，但它却能带给我们内心的宁静与

摆脱追求意义
的方法
- 培养好奇心，对新事物保持开放心态
- 放慢脚步，享受当下的每一刻
- 定期反思自己的生活，调整目标和期望
- 追求内心的满足，而不是外在的评价

平和，这是一种无法用意义来衡量的珍贵体验。

不带有目的，才能享受多彩的人生

很多时候，我们为了所谓的意义而给自己设定过高的目标和过于繁重的任务，结果导致身心疲惫。高段位女人不会让这种情况发生在自己的身上，她们把人生看作一场充满各种奇妙体验的旅程。就像一位热爱旅行的女人，她并没有带着一定要在旅途中寻找生命真谛或者完成某种自我提升的目的出发。她可能只是因为看到了一张美丽的风景照片，就毅然踏上了前往陌生之地的征程。

在旅途中，她遇到了各种意想不到的情况，有时是道路崎岖、交通不便，有时是遇到了语言不通但热情好客的当地人。她并不去评判这些经历是有意义还是无意义，她只是全身心地投入其中，感受每一个瞬间。当她在沙漠中看到壮丽的日出；当她在古老的小镇上品尝到独特的美食；当她与不同肤色的人一起欢笑跳舞，这些瞬间拼凑起来的就是她丰富多彩的人生体验，而不是被所谓意义框定的单调旅程。

意义之外，非凡人生体验与价值重塑

有一位名叫艾米的女人，她在旁人眼中是个与众不同的存在。在职业生涯的黄金时期，她放弃了高薪且前景光明的工作。周围的人都很不解，认为她这是在浪费自己的才华和机会。然而，艾米只是遵从了自己内心的声音。她搬到了一座海边小镇，开始学习冲浪和绘画。起初，她在冲浪板上一次次地摔倒，在画布上画出的都是幼稚的图画。但她不在乎，她享受着海水冲击身体的感觉，享受着颜料在画布上自由挥洒的快乐。

她在海边的小屋中收留那些流浪的小动物，和渔民们一起出海打鱼，听他们讲述古老的传说。这些看似没有意义的生活，却让她感到前所未有

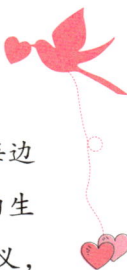

的满足。多年后，她带着一种从容和淡定重新回到城市。她把自己在海边的经历融入商业创意中，创造出了独特的品牌，让人们看到了不一样的生活视角。艾米用她的行动证明，人生中的许多事情不需要一开始就有意义，那些看似无意义的体验，往往能在不经意间为我们的人生注入新的活力和灵感。

超越意义，美在情感与琐碎中绽放

高段位女人在情感关系中也秉持着这种观念。她们不会把爱情看作人生的全部意义，也不会为了结婚而结婚。爱情来了，就尽情享受其中的甜蜜与苦涩；爱情走了，也不会觉得世界崩塌。她们在与朋友相处时，不会计较谁付出得多、谁付出得少，每一次聚会、每一次聊天儿都是一种愉快的体验，而不是为了某种利益或者目的。在面对家庭时，她们不会被传统的家庭角色束缚，教育子女不只是为了让孩子出人头地，而是和孩子一起成长，一起探索世界，享受亲子之间纯粹的情感连接。

在生活的琐碎中，高段位女人更能发现无意义之美。在洗碗的时候，

感受水流过指尖的清凉；在整理房间时，欣赏物品从杂乱到有序的变化；甚至是在堵车的路上，也能留意天空中云朵的形状。她们不会因为这些事情没有带来实际的成果而烦躁，相反，她们把这些都当作人生这场宏大体验中的一段小插曲。

人生是一场无法预知终点的旅程，高段位女人以一种乐观豁达的姿态面对它。她们不被意义所累，勇敢地去尝试、去体验那些看似无意义的事情。因为她们知道，正是这些无数的无意义的小事，绘成了绚丽多彩的人生画卷，让生命变得更加丰富和有趣。所以，让我们放下对意义的执念，像高段位女人一样，在人生的旷野中自由地体验，去拥抱那些没有意义却无比珍贵的时刻。

女性 **成长小建议**

不要害怕走在看似没有意义的道路上，因为每一步都有可能踩出独特的音符。那些旁人眼中的弯路、错路，或许正是你奏响生命华章的前奏。当你放下对意义的苦苦追寻，以一颗纯粹的心去拥抱生活时，你会发现，生命处处是舞台，事事皆可成诗。

亲和力和随和力，与你的收入呈负相关

在这个竞争激烈的现代社会中，个人的亲和力和随和力似乎成了职场上的"软实力"，能够帮助人们更好地融入团队，建立和谐的人际关系。然而，当我们深入探讨这一现象时，会发现一个令人深思的观点——亲和力与随和力，与个人的收入水平存在着微妙的负相关关系。换句话说，过于追求亲和力与随和力，可能会在一定程度上限制个人的职业发展和收入增长。

亲和力与随和力的"双刃剑"效应

亲和力是指一个人在人际交往中展现出的友好、平易近人的特质，而随和力则是指在面对不同意见或冲突时，能够保持平和态度，愿意妥协的能力。这两种能力无疑有助于构建良好的人际关系，促进团队合作，减少工作中的摩擦。然而，当亲和力与随和力被过度强调时，它们也可能变成阻碍个人发展的因素。

一方面，过于追求亲和力可能导致个人在表达观点时过于谨慎，不敢提出不同的意见或创新的想法。在职场上，这可能意味着错失展现自己独特见解和专业能力的机会，从而影响职业晋升和个人品牌的建立。另一方面，随和力过强可能使个人在面对重要决策时显得犹豫不决，缺乏领导力和决断力。在竞争激烈的环境中，这种特质可能会被视为缺乏主见和魄力，进而影响个人的收入水平和职业地位。

别因为"亲和力陷阱"掩盖"锋芒"

从职场环境来看，高收入往往伴随高压力和高竞争。在这样的环境中，高段位女人需要保持一种强硬、果断的姿态，以应对复杂的局面和激烈的竞争。例如，在商业谈判桌上，她们不能轻易地展现随和的一面，否则可能被对手视为软弱可欺。每一个决策都关乎着巨大的利益，每一句话都可能改变谈判的走向。在这种情况下，亲和力和随和力似乎成了一种奢侈品，为了保住自己的收入和地位，她们不得不将其暂时搁置。

亲和力虽然有助于减少冲突，但也可能导致她们的观点和创意被忽视。长此以往，她们在公司中的价值体现可能更多地局限于人际关系的维护，而不是在核心业务的推动上。相比之下，那些更具有"锋芒"的员工可能会在会议中据理力争，坚持自己的方案，虽然可能会在短期内导致一些人际关系上的紧张，但如果她们的方案确实具有前瞻性和价值，那么她们就更有可能在项目成功后获得丰厚的回报，包括晋升和加薪。

人际交往中的价值权衡

在人际交往中，亲和力和随和力强的女人通常是社交圈中的"老好人"代表。她们总是乐于倾听他人的烦恼，愿意为朋友提供帮助，很少拒绝他人的请求。然而，这种过度的随和可能会让她们陷入一种无法自拔的困境。

李芸是一个极具亲和力和随和力的人，在朋友眼中，她是一个永远不会说"不"的老好人。同事们经常找她帮忙完成一些额外的工作，朋友们也总是在需要帮忙时第一时间想到她。虽然她在人际关系中备受赞誉，但她自己却为此付出了巨大的代价。她经常因为帮助他人而加班完成自己的本职工作，长期的疲劳导致她在工作中的表现有所下滑。同时，为了满足朋友的社交需求，她花费了大量的时间和金钱，使自己的财务状况变得紧

张。而那些懂得适当拒绝、更注重自身发展的人，能够将更多的精力和资源投入提升自己的能力和拓展有价值的人脉上，从而为自己赢得更多获取高收入的机会。

社会价值评判的偏差

社会普遍存在一种倾向，即对亲和力与随和力强的女人赞赏有加，将她们视为善良、友好的化身。这种价值评判模式在一定程度上影响了女人对自身行为的抉择。然而，这种评判标准却忽视了在经济社会中，女人个人价值的实现并不仅仅依赖于人际关系的和谐，更关键的是对资源的有效获取和利用。

从经济学视角审视，资源是有限的，人们（包括女人）都需要通过竞争来获取更多资源，以此来提升自己的生活水平和社会地位。在这一过程中，如果女人的亲和力与随和力过度彰显，可能会使她们在竞争中陷入劣势。相反，那些能够坚持立场、善于维护自身利益的女人，更有机会为自己争取到有利的条件，进而获得更高的回报。

如何掌握亲和力与随和力的尺度	明确个人优势，设定职业目标
	勇于表达与沟通
	培养领导力与决断力
	维护人际关系与团队协作

重新审视女人的亲和力和随和力

在此要着重指出，我们绝不是要否定女人的亲和力和随和力的价值。女人的这些特质在构建和谐人际关系、维护社会稳定等方面有着至关重要的作用，只不过女人需要在亲和力和随和力与个人发展、收入增长之间寻求一个平衡点。

女人应当明白，在恰当的时机展现出坚定的态度、为自身利益积极发声，并不意味着失去亲和力。实际上，真正的高情商女人能够在维护良好人际关系的同时，高效地推动自身发展并实现价值最大化。女人要学会在不同情境灵活运用自身的亲和力和随和力，防止它们成为阻碍自己获取更高收入和达成人生目标的绊脚石。在这个竞争激烈的社会中，只有在人际关系和个人发展之间找到精准的契合点，才能在经济层面和社会价值层面都收获满意的成果。

女 性 *成长小建议*

女人的亲和力和随和力与收入之间的负相关关系警示我们，女人要更加审慎地对待自身的行为模式和价值选择。不要被单一的社会评价标准所禁锢，要勇敢地追求属于自己的成功和财富！